增湿条件下湿陷性黄土中桩基承载性能研究

任文博　李佳佳　刘云龙　张景伟　李文庆　张程伟◎著

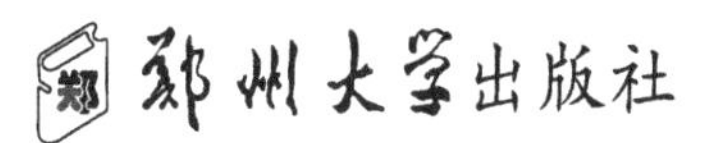

图书在版编目(CIP)数据

增湿条件下湿陷性黄土中桩基承载性能研究 /任文博等著. -- 郑州 : 郑州大学出版社,2024. 8 -- ISBN 978-7-5773-0457-1

Ⅰ. TU475

中国国家版本馆 CIP 数据核字第 20241D01W2 号

增湿条件下湿陷性黄土中桩基承载性能研究

ZENGSHI TIAOJIAN XIA SHIXIANXING HUANGTU ZHONG ZHUANGJI CHENGZAI XINGNENG YANJIU

策划编辑	祁小冬	封面设计	苏永生
责任编辑	刘永静　袁晨晨	版式设计	苏永生
责任校对	董　强	责任监制	李瑞卿

出版发行	郑州大学出版社	地　　址	郑州市大学路 40 号(450052)
出 版 人	卢纪富	网　　址	http://www.zzup.cn
经　　销	全国新华书店	发行电话	0371-66966070
印　　刷	郑州宁昌印务有限公司		
开　　本	710 mm×1 010 mm　1 /16		
印　　张	11.25	字　　数	229 千字
版　　次	2024 年 8 月第 1 版	印　　次	2024 年 8 月第 1 次印刷

书　　号	ISBN 978-7-5773-0457-1	定　　价	49.00 元

前言

混凝土灌注桩具有沉降小、承载力高、抗震性能好等优点，在湿陷性黄土地区应用广泛。湿陷性黄土是典型的非饱和土，在天然状态下，其含水率较低、结构较为稳定、强度相对较高，然而，一旦受到雨水的入渗作用，其强度迅速劣化，结构被破坏，发生沉降。在桩周黄土发生沉降后，部分桩周土体的沉降大于桩身沉降，桩侧出现负摩阻力，使桩的承载性能迅速退化，进而导致地基/基础下沉、结构开裂和建筑物倾斜等一系列工程事故，严重威胁人民群众的生命财产安全。

本书以黄土湿陷性为切入点：首先，基于机器学习建立了黄土湿陷系数预测模型；其次，通过土水特征曲线和增湿变形试验对黄土增湿变形特性进行了分析，并通过开展非饱和黄土-混凝土界面剪切试验对黄土-混凝土桩荷载传递机理进行了研究；再次，考虑到桩周土体的增湿变形、黄土-混凝土桩界面荷载传递性能受增湿作用的影响，对荷载传递法进行了改进，并利用室内模型试验进行验证；最后，采用模型试验、理论分析和数值模拟等方法，研究了黄土湿陷性和桩端后注浆对湿陷性黄土地区钻孔灌注桩承载特性的影响及后注浆浆液在桩端土体中的扩散形态。研究成果可为黄土地区湿陷性评估、土体增湿变形量计算、桩基承载性能研究提供一定的参考和依据。主要研究内容和成果如下：

（1）基于试验数据及收集的文献资料，建立了黄土湿陷系数与基本物性指标数据库，利用4种机器学习算法（多元线性回归、BP神经网络、支持向量机和随机森林）对（西安等关中地区）黄土湿陷系数进行了预测，同时，提出了正态分布法组合模型，将单一模型预测结果进行组合，增加了预测模型的稳定性，实现了对黄土湿陷性的快速精确评估。

（2）利用压力板仪研究了干密度对黄土土水特征曲线的影响。结果表明，干密度越大，土体进气值越大，失水速率越小，土水特征曲线越平缓，并基于FX模型建立了考虑干密度变化的黄土土水特征曲线模型。开展了不同压力下的黄土增湿变形试验，结果表明，黄土的增湿变形符合三阶段增湿变形模型，临界基质吸力随压力的增加先增大后减小，而湿陷终止基质吸力受压力的影响较小。考虑到压力对临界基质吸力的影响，对三阶段增湿变形模型进行了补充，以用于湿陷性黄土的增湿变形计算。

(3)通过进行非饱和黄土、黄土-混凝土界面直剪试验，基于Logistic模型提出了一种适用于黄土-混凝土界面的荷载传递函数，并对参数取值进行了分析。考虑桩周黄土的增湿变形、桩土界面强度随基质吸力的非线性退化，并结合提出的荷载传递函数，利用MATLAB编写程序对荷载传递法进行了改进，使其能够计算任意增湿条件下湿陷性黄土中混凝土桩的受力性能和变形响应。

(4)通过开展湿陷性黄土中混凝土灌注桩入渗模型试验，对入渗过程中桩周黄土体积含水量、桩周黄土分层沉降、桩身轴力、桩顶位移等进行了监测和分析，并利用试验数据对提出的湿陷性黄土增湿变形模型、改进的荷载传递法进行了验证。

(5)基于自主设计的可视化模型箱，分别开展常规桩和桩端后注浆桩基竖向静载试验，分析在不同荷载作用下桩顶沉降、桩端阻力、桩身轴力及桩侧摩阻力沿桩身长度的分布规律，并讨论不同规律的变化原因，通过对比得到桩端后注浆对桩基承载特性的影响。通过模型试验，在常规和桩端后注浆桩基维持工作荷载情况下进行入渗试验，模拟桩周土体受到雨水浸润发生湿陷给桩基承载力带来不利影响的工程状况，分析在浸水过程中不同深度土体的体积含水率和湿陷量，以及桩身轴力、桩侧摩阻力、桩端阻力等承载特性随入渗时间的变化规律，并将其与未浸水时的试验结果进行对比，得到入渗过程中桩周土体体积含水率和湿陷变形的变化趋势，以及黄土湿陷性对桩基承载特性的影响和桩端后注浆对湿陷性黄土中桩基承载力的提高作用。

(6)基于PFC2D离散元软件，采用接触黏结模型，结合模型试验和黄土湿陷特性试验结果，建立桩端后注浆浆液劈裂扩散颗粒流数值分析模型，对不同注浆压力或渗透性浆液情况下浆液在桩端土体中劈裂扩散的过程进行模拟研究，分析不同注浆因素对浆液劈裂扩散半径及形态的影响，通过劈裂缝的开展、周围土体的应力和孔隙率的变化情况对浆液在桩端土体中的扩散规律进行研究，并与模型试验结果进行对比，研究后注浆浆液在桩端的实际扩散形态特征，为浆液在桩端加固范围的确定提供参考。

第1章 绪论

1.1 研究背景及意义

黄土是一种在干旱和半干旱气候条件下形成的具有特殊性质的土壤，世界分布面积为1300万 km^2，约占陆地总面积的10%。我国是黄土的主要分布国家之一，黄土覆盖面积约为64万 km^2，占国土总面积的6.6%，其中湿陷性黄土约占60%[1,2]。《湿陷性黄土地区建筑标准》[3]将在一定压力下受水浸湿、土体结构迅速破坏并发生显著附加下沉的黄土称为湿陷性黄土，并将我国的湿陷性黄土根据湿陷性以及地理位置分为7个区。特殊的形成条件决定了黄土特殊的内部结构与工程性质，黄土颗粒以粉粒为主，含有可溶性盐，结构松散，垂直裂隙发育，有大孔隙。湿陷性黄土一般天然含水量较低，地下水位以上黄土常年处于非饱和状态，在天然状态下结构稳定，强度较高，然而在其受到雨水的入渗作用后，强度迅速劣化，在土体自重或上覆荷载作用下产生湿陷变形，进而导致地基下沉、结构开裂、建筑物倾斜等一系列安全问题[4,5]。

随着经济的高速发展，我国基础设施建设规模日益增大，对建(构)筑物的要求也越来越高，湿陷性黄土遇水湿陷的特性，对建(构)筑物的安全使用造成了严重威胁。桩基是一种常见的基础形式，按成桩方式可分为预制桩、灌注桩、就地搅拌桩等，其中，混凝土灌注桩由于沉降小、承载力高、可就地成孔成桩、抗震性能好等优点，在湿陷性黄土地区应用广泛[6]。当桩周土为自重湿陷性黄土时，一旦受到浸水作用，土体在水和自重压力的作用下就会发生湿陷变形，上部桩周土体的沉降将超过桩身的沉降，对桩体施加一个向下的力，即负摩阻力，进而使桩的承载性能退化，桩身正负摩阻力的分界点称为中性点。可见，若想精确计算湿陷性黄土中桩的承载力和沉降，必须从桩周土体的变形和桩土相互作用等方面入手。

《湿陷性黄土地区建筑标准》[3]中湿陷性黄土的湿陷变形主要利用湿陷系数计算，桩的承载力则是在普通桩设计的基础上扣除一部分负摩阻力来确定，其中对于中性点的取值,负摩阻力的大小则是根据工程经验来估计。目前对于湿陷性黄土地区桩基承载性能缺乏精确的理论研究,尤其是从非饱和土角度出发,确定湿陷性黄土中桩周土从某一饱和度逐渐增湿到另一饱和度的桩基承载性能变化的研究。

桩端后注浆对桩端土体有明显的加固作用,对湿陷性黄土中钻孔灌注桩的承载力有明显提高。桩周土体浸水湿陷时,桩身力学性能随桩周土体湿陷量的增加而发生变化,给桩基的承载性能带来不利影响。对于桩端后注浆灌注桩,后注浆可以改善桩周土体发生湿陷时桩身力学性能的发挥,削弱黄土的湿陷给桩基承载力带来的不利影响。但是对于桩端后注浆灌注桩,桩周土体发生湿陷时桩身力学性能的变化规律还鲜有学者进行研究,同时由于桩基属于隐蔽工程,桩端后注浆过程中无法准确判断浆液在桩端土体中的扩散范围和形态,难以对浆液的加固范围进行有效评价。

本书以黄土湿陷特性为出发点,基于机器学习构建黄土湿陷系数预测模型,并研究了非饱和黄土增湿变形特性;然后对黄土-混凝土界面剪切性能进行分析,建立适用于黄土-混凝土界面的荷载传递函数;考虑到桩周土体增湿变形、桩土界面强度随基质吸力的非线性退化以及结合提出的荷载传递函数,利用 MATLAB 编写程序对荷载传递法进行改进,改进的荷载传递法可以计算入渗过程中任意时刻的桩身轴力和桩顶沉降。本书针对湿陷性黄土中后注浆灌注桩,开展湿陷性黄土中后注浆灌注桩承载特性及后注浆浆液在桩端土体中扩散规律的研究,分析桩周土体在是否发生湿陷情况下,桩端注浆前后桩基承载特性的变化规律及浆液在桩端土体中的扩散半径和形态,探讨桩端后注浆对湿陷性黄土中钻孔灌注桩承载特性的影响,以保证后注浆灌注桩在湿陷性黄土中的使用安全性。

本书研究为湿陷性黄土地区工程设计、规范编写提供了一定参考价值,对减少湿陷性黄土地区工程安全事故、推动湿陷性黄土地区经济发展具有重要意义。

1.2 国内外研究现状

1.2.1 黄土湿陷机理研究

(1)经典湿陷机理假说

黄土的湿陷变形是一个多因素耦合作用的复杂物理化学过程,在数十年的研究中出现过大量经典假说试图来阐述这一过程,下面为一些具有代表性的学说。

毛管假说:该假说基于 Terzaghi 提出的毛管弯液面理论,认为在干燥时的湿陷性黄土颗粒接触处的水、气界面存在毛细张力,土体拥有较高的强度,在受到水的浸入时，该毛细张力被破坏，颗粒间的连接强度被削弱，导致土体塌陷。该假说不能解释在颗粒成分和含水率相同时有的黄土湿陷有的不湿陷[7]，以及不能解释在用不同溶液（水和盐溶液）处理相同土样时会表现出不同的湿陷性[8]。

胶体不足说：黄土的湿陷性是由于土体中粒径小于0.005 mm的颗粒占比小于10%，缺少胶体分散部分，如果土体胶体充足，在浸水时能产生一定膨胀，便可抵消土体湿陷。然而，高国瑞[9]对兰州黄土进行分析发现，该区域黄土黏粒平均含量大于20%，却拥有较强的湿陷性。

溶盐假说：该假说认为黄土中含有一定量的可溶性盐，在土体含水率较低时，易溶盐被析出，以晶体的形式附着在土微粒表面，起到胶结土颗粒的作用。在土体浸水后，易溶盐晶体溶解，土颗粒间的胶结被破坏，土体颗粒塌陷重组，导致土体湿陷。Kie[10]研究发现，即使含水率低至8%，土体中可溶性盐也溶解在孔隙水中；Van等[11]认为，浸水会导致土壤孔隙水盐溶液浓度降低，导致土颗粒间连接强度降低，影响黄土的湿陷。

水膜楔入说：湿陷性黄土一般含水率较低，这使得黄土颗粒表面包裹的结合水膜相对较薄，结合水膜中的阴阳离子将表面带有负电荷的黄土颗粒连接起来，并形成一定强度。在土体浸水后，土颗粒间的结合水膜增厚，即水的楔入使得颗粒间的距离增大，相应的连接强度降低。这种作用在黏性土中普遍存在，尤其是在膨胀土中。但该种假说只能说明浸水使得土颗粒间的连接力减弱，并不能解释黄土湿陷的主要原因[7]。

欠压密说：黄土主要形成于干旱和半干旱地区，在形成过程中较少受到浸水作用，土颗粒间相互胶结，使得在黄土形成过程中上部土体未能将下部土体压密实，形成了欠压密状态。该理论只是将黄土湿陷归结于黄土的欠压密状态，并没有对黄土湿陷的过程进行具体的阐述。

黄土湿陷过程复杂，受多个因素耦合作用。受研究理论和试验条件的限制，上述学说仅从某一角度对黄土湿陷机理进行了解释，均具有一定的局限性，但这些理论为后人研究黄土湿陷性夯实了基础、开阔了思路。

（2）黄土湿陷微结构机理研究

近年来，随着科学技术的不断发展，扫描电镜（SEM）、X射线衍射、压汞试验、CT扫描等技术被广泛应用于湿陷性黄土的研究中。黄土湿陷微结构机理被大部分学者所认可，产生了大量研究成果。

高国瑞[9]利用扫描电镜对兰州黄土湿陷前后微观结构进行分析，发现黄土特殊的粒状架空结构是黄土湿陷的基本条件。赵景波等[12]通过对大量黄土样本的扫描电镜资料进行分析认为，黄土中0.02~0.08 mm的孔隙是发生强烈湿陷的原因，而0.008~0.02 mm的孔隙是发生弱或中等湿陷的主要原因。杨晶[13]通过对不同地区的黄土进行扫描电镜试验，对黄土中的孔隙进行分类，指出黄土湿陷是团粒或颗粒间孔隙的填充，并对湿陷过程进行分析。陈阳[14]利用扫描电镜技术对湿陷前后的黄土孔隙进行定量分析，发现黄土湿陷后大、中孔隙减少，小、微孔隙增加，并建立了三维模型。Yang 等[15]利用扫描电镜和 CT 扫描技术，对湿陷前后黄土微观结构变化进行分析，并将黄土湿陷分为三个过程。魏亚妮等[16]利用 CT 扫描和压汞试验，对 5 个地区黄土的湿陷性和微结构特征进行分析，发现自西北地区到东南地区结构形式由以架空结构为主转变为以黏粒支托结构为主，湿陷性逐渐减小，且为湿陷提供主要空间的是 3～60 μm 的粒间孔隙。

黄土湿陷微观机理如图 1.1 所示。黄土的湿陷性主要受黄土骨架颗粒形式、颗粒间的连接方式、胶结材料、孔隙形式等的影响[17]。黄土骨架颗粒形式可分为粒状和凝块状两种，粒状骨架颗粒又可分为碎屑矿物、外包黏土颗粒和集粒，其中碎屑矿物刚度较大，集粒和外包黏土厚度较大的颗粒在较干旱的西北地区刚度较大，而在气候相对湿润的东南地区由于淋溶作用集粒（外包黏土颗粒）被软化，使得黄土湿陷性降低。随着淋溶作用的加剧，集粒互相结合为凝块，使得黄土湿陷性继续降低，一般黄土中粒状和凝块状骨架颗粒同时存在，西北地区以粒状为主，东南地区以凝块状为主[18]。颗粒间的连接方式主要分为点接触和面胶结，一般点接触由于接触面积较小，易受到水分入渗的影响，破坏较迅速，而面胶结一般接触面积较大，破坏较迟缓，粒状颗粒的连接倾向于点接触，而凝块状颗粒的连接更倾向于面胶结[17,18]。目前研究表明，胶结材料主要为碳酸钙和黏土矿物，二者共同作用，一般认为黏结强度的提高主要依靠碳酸钙中的微晶碳酸钙。湿陷性黄土中的孔隙可分为大孔隙、架空孔隙、粒间孔隙和粒内孔隙，大孔隙主要为表层土虫洞、植物根茎生长形成的孔隙，表面已被碳酸钙覆盖，不易坍塌，黄土湿陷性主要与架空孔隙有关。

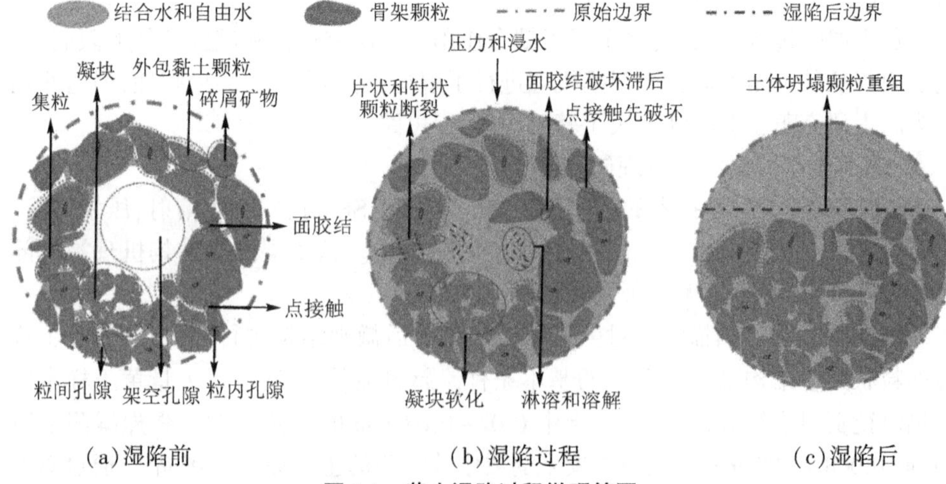

图 1.1　黄土湿陷过程微观简图

1.2.2 黄土湿陷系数与增湿变形研究

(1)黄土湿陷系数研究

目前,《湿陷性黄土地区建筑标准》[3]中黄土的湿陷变形量一般由黄土湿陷性试验测定湿陷系数进行确定。湿陷系数的定义为:规定压力下,黄土单位厚度由于浸水而产生的变形量。湿陷性黄土根据湿陷系数的大小可分为轻微湿陷性黄土($0.015<\delta_s\leqslant 0.030$)、中等湿陷性黄土($0.030<\delta_s\leqslant 0.070$)和强烈湿陷性黄土($\delta_s>0.070$)。湿陷系数是湿陷性黄土地区重要的参数,可用于确定黄土湿陷等级、计算黄土的湿陷量等,其测定方法可分为单线法和双线法。

对于湿陷系数的研究主要分为两个方面:基于传统湿陷性试验的定性研究、利用数理统计方法的定量预测模型研究。

传统湿陷性试验的定性研究主要是通过湿陷性试验研究压力、含水率、干密度、试验方法、试样尺寸对湿陷系数的影响。史永跃[19]研究发现,随着含水率的增加,黄土湿陷系数逐渐减小,单线法、双线法结果趋势相近,大小有所差别,且大环刀样测得的湿陷系数大于小环刀样。张茂花等[20]研究发现,在含水率较低时单线法湿陷系数大于双线法,当含水率达到临界值时两方法结果相近,当含水率大于该临界值时,双线法结果大于单线法。刘宁[21]通过试验发现,湿陷系数随含水率和干密度的增大而减小,湿陷系数随着压力的增大先快速增加至峰值湿陷系数,随后缓慢减小。袁慧[22]通过开展不同地区黄土室内试验发现,随着初始饱和度的增加,土体压缩变形增加但湿陷系数减小,当饱和度达到80%时湿陷性消失。方祥位等[23]通过室内试验发现,湿陷系数随孔隙比、欧拉数、孔隙分布分维和定向数的增加而增加,随干密度、饱和度、pH值、黏粒含量、颗粒分布分维和定向度的增加而减小。陈佳玫[24]通过湿陷性试验发现,湿陷系数随含水率、干密度的增加而减小,随压力的增加先增大后减小,且峰值湿陷压力和峰值湿陷系数均随含水率的增加而减小。陈宝等[25]通过湿陷性试验发现,塑限是黄土湿陷性强弱的临界点,当含水率小于塑限时为强烈湿陷性,而当含水率大于塑限时湿陷性迅速降低为轻微湿陷。王丽琴等[26]利用改进的高压固结仪分别对高度2 cm和8 cm的试样进行湿陷性试验,发现8 cm试样的湿陷系数大于2 cm试样的,且随着压力的增加,该差值越来越大。

黄土湿陷系数测定步骤较为烦琐且试验结果离散性较大[27,28]。相对于湿陷系数,黄土常规物性指标测定试验简单成熟,能批量测定,结果离散性小,因此,一些学者利用不同方法建立了土体常规物性指标与湿陷系数的关系,以快速预测黄土的湿陷系数,相关研究总结见表1.1[28-37]。上述研究为该地区的工程勘察和设计提供了重要参考,但由于黄土具有极强的区域性特征,上述研究具有区域局限性,难以大区域推广和应用。

表 1.1　基于物性指标的湿陷系数定量研究[28-37]

学者	研究地区	研究方法	选用的物性指标
任新玲等[29]	山西	一元线性回归	ρ_d、e、ω、S_r
王沫涵[30]	陕北-关中	多元线性回归	γ_d、e、ω、S_r、I_p
李萍等[31]	甘肃东部	多元非线性回归	ω、e、I_p
李瑞娥等[32]	黄土高原	模糊信息优化技术	a、e
韩晓萌[33]	郑西高速铁路沿线	自适应模糊神经网络	ω、ρ_d、e、I_p
井彦林等[28]	陕西彬州	最小二乘法支持向量机	ρ_s、V_s、z
徐志军等[34]	陕西西安	聚类分析和因子分析	γ、γ_d、ω、e、I_p
冯小东[35]	甘肃兰州	BP 神经网络	ρ_d、e、ω、I_p
Zhang[36]	—	概率神经网络	ω、ρ_d、e、I_p、S_r
马闫等[37]	山西中部	RBF 神经网络	ρ_d、S_r、e、z、E_s、$C_{5-15\ \mu m}$

注:表中 ρ_d 为干密度;e 为孔隙比;ω 为天然含水量;S_r 为饱和度;γ_d 为干重度;I_p 为塑性指数;γ 为天然重度;a 为压缩系数;E_s 为压缩模量;ρ_s 为视电阻率;V_s 为剪切波速;z 为土层埋深;$C_{5-15\ \mu m}$ 为粒径在 5~15 μm 的颗粒所占百分比。

(2)黄土增湿变形研究

张苏民等[38]首次提出了"增湿变形"的概念,增湿变形是指土体在一定压力下受到增湿作用,含水率增加而产生的变形,湿陷变形是特殊的增湿变形,即土体增湿到饱和状态的变形。由于黄土处于干旱和半干旱地区,且一般厚度较大,在实际增湿过程中,绝大多数黄土并不能增湿至完全饱和,仍处于非饱和状态。随着科技的发展以及对黄土湿陷性研究的深入,许多学者对更贴近实际的增湿变形进行了研究。

张苏民等[38]利用应力增湿变形曲面和路径对增湿变形过程进行描述,并提出增湿变形力学模型。Pereira 等[39]通过大量室内试验,分析了入渗过程中土体孔隙比与基质吸力的关系,提出了土体三阶段增湿变形模型。陈存礼等[40]定义了一个定量结构性参数,分析了该参数与增湿含水率、压力的关系,并对黄土增湿变形进行分析。张登飞等[41]通过黄土增湿变形试验分析了初始孔隙比和应力对土体增湿变形和持水特性的影响。金松丽[42]进行了三轴等应力比条件的增湿变形试验,建立了一种黄土非线性增湿本构模型。邵显显[43]通过黄土增湿变形试验,分析了黄土增湿过程中临界饱和度与干密度和孔隙比的关系。Xie 等[44]将土体湿陷的三个阶段与土水特征曲线的三个区域(残余区、过渡区和边界效应区)建立了联系,并给出了临界基质吸力的确定方法。高登辉[45]利用改进的 K_0 固结仪进行黄土增湿变形试验,通过推导增湿变形模量得到增湿变形量计算公式,并建立了黄土增湿变形本构模型。周凤玺等[46]基于非饱和土力学中的非饱和土有效应力原理建立了非饱和黄土增湿变形模型,并给出加载增湿屈服函数表达式。胡海军等[47]考虑黄土荷载浸水条件下水分迁移和土体变形的相互耦合,建立了考虑水分迁移的黄土增湿变形计算模型,并设计试验进行验证与参数反演。

1.2.3 土-结构物界面剪切性能研究

在岩土工程中,土与结构物接触面广泛存在,如土-桩基接触面、土-锚杆接触面、土-衬砌接触面、土-挡墙接触面等。在受到外力作用时,土-结构物界面相互作用复杂,呈现出与土体和结构物都不相同的力学性能,对土-结构物体系的整体受力性能有着决定性的影响。

(1)界面剪切室内试验

对于土-结构物界面力学性能的研究主要是界面剪切性能的研究,大批学者通过开展直剪试验、单剪试验、环剪试验、拉拔试验等,研究了土-结构物界面类型、法向应力、土体含水率(基质吸力)、土体密度、剪切速率、结构面粗糙度、循环剪切次数、泥皮厚度、注浆压力、冻融循环等因素对土-结构物界面剪切性能的影响。

Desai 等[48]通过循环直剪和单剪试验,发现循环次数会使黏土-钢界面抗剪强度降低。吴景海等[49]通过直剪试验和拉拔试验,对比分析了 5 种结构与 2 种土体界面的剪切性能。Hossain 等[50]利用改进的直剪仪发现正应力和注浆压力均对风化花岗岩土-水泥浆界面剪切性能有较大影响,并提出考虑注浆压力的界面抗剪强度公式。郑书胜[51]通过直剪试验,发现黄土-结构(混凝土、钢)界面抗剪参数(内摩擦角、黏聚力)在第一次冻融循环后增大,然后随着冻融循环次数的增加逐渐降低。杨晨[52]利用环剪仪对黄土-基岩接触面进行剪切试验,发现剪切速率对峰值强度影响不大而对其所需位移影响较大,且干密度、正应力、粗糙度越大,含水量越小,界面强度越高。刘慧[53]通过黄土-混凝土界面直剪试验,发现泥皮会使剪切应力-剪切位移曲线由应变硬化转为应变软化,且会使界面抗剪强度显著降低。

(2)土-结构物界面本构模型

土-结构物界面本构模型主要指土与结构物接触面的剪切应力-剪切位移关系,明确剪切应力-剪切位移关系是研究土-结构物剪切变形发展、荷载传递机理的关键,经过数十年的研究,形成了丰富的研究成果。Clough 等[54]基于土-混凝土界面直剪试验,发现剪应力-剪切位移符合双曲线关系,并提出了经典的双曲线模型。De 等[55]提出了一种土-结构物界面弹塑性本构模型,并利用砂-金属板界面剪切试验进行验证。Hu 等[56]通过砂-钢界面直剪试验,基于损伤力学提出了土-结构物界面损伤本构模型。栾茂田等[57]将弹性理论和弹塑性理论相结合,提出了一种土-结构物界面的非线性弹性-理想塑性本构模型。Lashkari 等[58]基于非饱和土力学理论,对弹塑性模型进行优化,提出了非饱和界面弹塑性模型。胡启军等[59]通过大型红泥岩-混凝土界面剪切试验,提出了一种应变软化本构模型。

(3)土-结构物界面抗剪强度

土-结构物界面抗剪强度是土-结构接触体系设计的重要参数,其研究一般建立在土体抗剪强度研究的基础上。本小节总结了代表性土、土-结构物界面抗剪强度公式,如表 1.2 所示[50,60-73]。

表 1.2 土、土-结构物界面抗剪强度代表性公式[50,60-73]

剪切面	学者	抗剪强度公式
饱和土	Coulomb[60]	$\tau_f=c+\sigma\tan\varphi$
	Terzaghi[60]	$\tau_f=c'+(\sigma-u_w)\tan\varphi'$
饱和土-结构物界面	Potyondy[61]	$\tau_f=f_c c+\sigma\tan(f_\varphi\varphi)$
	Hossain[50]	$\tau_f=c_a'+(\sigma-u_w)\tan\delta'+p_g\tan\delta^g$
非饱和土	Bishop 等[62]	$\tau_f=c'+[(\sigma-u_a)+\chi(u_a-u_w)]\tan\varphi'$
	Fredlund 等[63]	$\tau_f=c'+(\sigma-u_a)\tan\varphi'+(u_a-u_w)\tan\varphi^b$
	Vanapalli 等[64]	$\tau_f=c'+(\sigma-u_a)\tan\varphi'+(u_a-u_w)\tan\varphi'\left(\dfrac{\theta-\theta_r}{\theta_s-\theta_r}\right)$
	Zhan 等[65]	$\tau_f=c'+(\sigma-u_a)\tan(\varphi'+\xi)+(u_a-u_w)\tan\varphi^b$
	Garven 等[66]	$\tau_f=c'+(\sigma-u_a)\tan\varphi'+\theta^{f(I_p)}(u_a-u_w)\tan\varphi'$
	张俊然等[67]	$\tau_f=c'+\left[(\sigma-u_a)+\dfrac{S_r-S_{rm}}{1-S_{rm}}(u_a-u_w)\right]\tan\varphi'$

续表 1.2

剪切面	学者	抗剪强度公式
非饱和土-结构物界面	Fleming 等[68]	$\tau_f=c'_a+\left(\sigma-\frac{\tan\delta^b}{\tan\delta'}u_w\right)\tan\delta'$
	Miller 等[69]	$\tau_f=c'_a+(\sigma-u_a)\tan\delta'+(u_a-u_w)\tan\delta^b$
	Sharma 等[70]	$\tau_f=c'_a+[(\sigma-u_a)+\chi(u_a-u_w)]\tan\delta'$
	Hamid 等[71]	$\tau_f=c'_a+(\sigma-u_a)\tan\delta'+(u_a-u_w)\tan\delta'\left(\frac{\theta-\theta_r}{\theta_s-\theta_r}\right)$
	周旭宽[72]	$\tau_f=k_2c'_s+(\sigma-u_a)\tan(k_1\varphi'_s)+\chi(u_a-u_w)\tan(k_1\varphi'_s)$
	杨明辉等[73]	$\tau_f=c'_a+(\sigma-u_a)\tan(\varphi'+\zeta)+(u_a-u_w)\tan\varphi^b$

注:τ_f为抗剪强度;c 为土的黏聚力;σ 为法向应力;φ 为土的内摩擦角;c'为土的有效黏聚力;φ'为土的有效内摩擦角;u_w为孔隙水压力;c'_a为界面黏聚力;δ 为界面内摩擦角;f_c为黏聚力折减系数,即 c_a/c;f_φ为折减系数,即 δ/φ;p_g为注浆压力,δ^g为相对于注浆压力的增加速率角;χ 为非饱和土有效应力参数;(u_a-u_w)为基质吸力;φ^b为相对于基质吸力的摩擦角;θ 为体积含水量;θ_s为饱和体积含水量;θ_r为残余体积含水量;ξ 为膨胀角;S_{rm}为微观饱和度;δ'为界面有效内摩擦角;δ^b为界面相对于基质吸力的摩擦角;φ'_s、c'_s分别为有效内摩擦角和有效黏聚力;k_1、k_2为与界面相关的参数;ζ 为剪胀角;u_a 为孔隙气压力。

1.2.4 湿陷性黄土地区桩承载性能研究

湿陷性黄土在受到雨水的渗入后,会产生增湿变形,桩周土体相对于桩身产生向下的位移,不仅会使桩部分区域正摩阻力消失,还会对桩施加一个向下的摩阻力即负摩阻力,使桩的承载性能迅速退化,如图 1.2 所示。湿陷性黄土地区单桩承载性能的研究主要集中在负摩阻力、中性点、承载力、沉降等方面,研究手段主要为现场试验、室内模型试验、理论研究、数值模拟等。

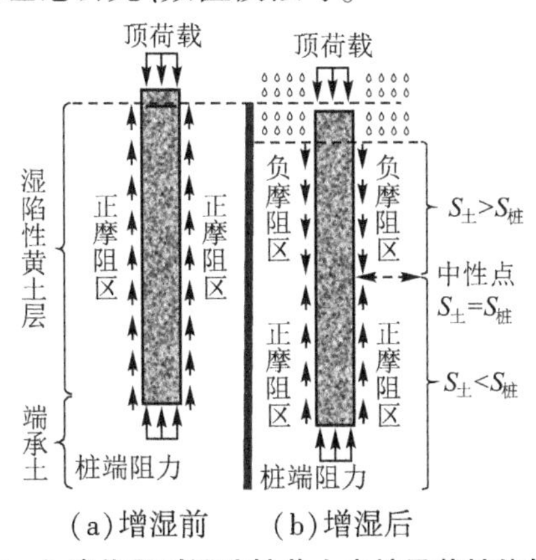

(a)增湿前　(b)增湿后

图 1.2　入渗作用对湿陷性黄土中桩承载性能的影响

唐国艺[74]通过现场单桩浸水试验,发现湿陷性黄土地区浸水造成的桩顶附加沉降约为未浸水时的6.3倍,在浸水过程中,中性点先快速下移,然后保持相对稳定,在浸水后再进行加载,中性点上移。刘争宏[75]进行了湿陷性黄土地区"后湿"桩和"预湿"桩现场试验,发现桩侧负摩阻力主要受桩顶荷载、黄土湿陷等级、桩型等因素的影响。

夏力农等[76]利用PLAXIS进行数值模拟,研究了负摩阻力和桩顶荷载加载次序对单桩承载性能的影响。王长丹等[77]通过离心模型试验研究了湿陷性黄土中单桩中性点位置和负摩阻力大小,中性点深度与桩长比值在0.68~0.82之间。Dashjamts[78]通过对湿陷性黄土桩侧负摩阻力进行分析,提出一种确定桩侧负摩阻力的新方法。Noor等[79]基于非饱和土、土水特征曲线理论,利用PLAXIS 2D建立了湿陷性黄土桩基数值模型。陈长流[80]利用现场试验、模型试验、数值模拟对湿陷性黄土中桩基承载性能进行了详尽的对比研究。Mashhour等[81]通过室内模型试验,对湿陷性黄土端承桩负摩阻力进行了研究,发现相对于软土,湿陷性黄土的负摩阻力产生更快且影响更大。Xing等[82]通过现场试验发现,黄土湿陷性越大,桩侧负摩阻力越大,挤土桩相对于非挤土桩负摩阻力更大。高登辉[45]利用设计的负摩阻力测定设备,发现负摩阻力随增湿水平呈缓增→急增→缓增的趋势,并将剪切位移法进行改进以适用于黄土地区。Wen等[83]提出了一种模量折减法来模拟黄土的湿陷,并用FLAC 3D软件分别利用模量折减法和水力等效法开展数值模拟,发现模量折减法更符合实际。孙文[84]通过开展现场试验,研究了湿陷性黄土桩基在自然条件下,间断降雨、连续降雨条件下桩的摩阻力和沉降。赵野[85]通过现场试验对湿陷性黄土中桩基中性点、负摩阻力、桩顶沉降等进行分析,并用FLAC 3D通过模量折减法实现黄土的湿陷,模拟桩侧土体沉降对桩侧摩阻力的影响。Ye等[86]考虑到桩侧黄土的湿陷,对荷载传递法进行修正,并利用PLAXIS 3D通过对桩周土施加面荷载来实现黄土的湿陷。严维柏[87]通过将现场试验和室内模型试验进行对比,分析了湿陷程度、桩顶荷载、桩端持力层对湿陷性黄土地区单桩承载性能的影响。

1.2.5 后注浆钻孔灌注桩承载力研究现状

提高钻孔灌注桩承载力的传统方式是扩大桩径、增加桩长,但这会极大地增加施工难度和工程造价[88]。后注浆钻孔灌注桩就是在成桩后通过预先埋设在桩身的注浆管,使用压力泵将可固化的浆液均匀压入桩端或桩侧的土体中,浆液通过渗透、压密、劈裂或置换等作用对桩周土体进行加固,使桩侧摩阻力和桩端阻力的发挥性状得到提升,桩基承载力得到提高,桩顶沉降减小。与传统的钻孔灌注桩相比,后注浆钻孔灌注桩的承载力得到了大幅提高,桩顶沉降明显减小,可靠度大幅度提升。如今,后注浆钻孔灌注桩被广泛应用于桥梁及高层建筑的基础工程中。

国内外学者对后注浆技术、加固机理及后注浆钻孔灌注桩的承载特性进行了大量研究,使后注浆钻孔灌注桩在不断地应用和改进过程中逐渐完善,成为一种成熟且普遍适用的基础形式。

(1)后注浆技术

后注浆技术起源于法国,后逐渐被应用于桩基工程,经过多年的发展,已演变出多种成熟的注浆技术。

法国人 Charles Berigny 于 1802 年发明了注浆法,他使用一种木质冲击桶将黏土浆液挤压入地层,以此来对冲刷闸进行加固,这是注浆技术的首次应用,随后法国开始普遍使用这种技术对房屋基础进行加固[89]。桩端后注浆技术最早于 1958 年在委内瑞拉的 Maracaibo 大桥中应用,该工程通过预制的注浆盒将浆液注入预制桩底部,成功达到提高桩基承载力的目的[90];Fleming[91]发明了一种采用 U 形注浆管对灌注桩进行桩端后注浆的方法,将底端为花管的 U 形管绑扎在钢筋笼上浇筑为一体,成桩后将水泥浆压入压浆管中,浆液经过 U 形管底部花管时通过出浆孔注入桩端土体中,从而对桩端土体进行加固。

我国关于注浆技术的研究起步较晚,于 1974 年在天津首次将注浆技术运用到桩基工程中,利用氰凝固结桩间土,将单桩竖向极限承载力提高了 50%[92]。北京市建筑工程研究所(现北京市建筑工程研究院)在国内最早从事后注浆灌注桩方面的相关研究,并于 1983 年研究出了适合北京地区地质条件的在桩端预留压浆空腔的桩端压力注浆桩,进行了直径分别为 12.8 cm、13.4 cm,有效桩长为 2.43 m、2.51 m 的小直径桩端后压浆桩的静载试验[93];同年,桩端压浆注浆桩首次应用于北京崇文门 7#楼桩径 40 cm、共计 773 根、采用长螺旋干作业方式成孔的桩基工程中,在桩端设置隔离钢板,使用钢管和 PVC 管组合为注浆管[94]。1988 年,徐州市第二建筑设计院在我国率先研究出了适用于泥浆护壁灌注桩的预留注浆通道的桩端后注浆技术[93]。1992 年,孔清华等[95]研制出了预承力桩的预承包装置,在桩端预先设置通过固定连接板与伸出地面的注浆管连接的预承包,向预承包内部注入浆液使其涨大,挤密桩周土体,扩大桩端支撑面积,从而提高桩基的极限承载力;任自放等[96]于 1994 年发明了桩端及桩侧注浆方法,可对桩端及桩侧不同深度位置进行注浆加固;应权等[97]于 1999 年发明了带有桩端中心调节器、不依附钢筋笼而独成体系的桩端压力注浆装置,可进行桩端中心注浆。

(2)桩端后注浆加固机理

桩端后注浆是目前应用最为广泛的后注浆方式,国内外学者通过试验对桩端后注浆的加固机理进行了深入的研究,发现桩端后注浆主要通过对桩端土体补强、预压、扩孔及改善桩侧桩土界面接触性质的方式实现对桩基的加固。

何剑[98]对郑州地区桩端注浆与未注浆的钻孔灌注桩进行了静载试验研究,结果表明,后注浆通过渗透、挤密、劈裂等作用对桩端、桩侧土体进行加固,使桩-土体系形成更加紧密的系统,提高了桩基的承载能力,且端阻力的提高程度大于侧阻力;Thiyyakkandi 等[99]通过室内模型试验和数值模拟对无黏性土中后注浆桩的承载特性进行研究,结果表明,后注浆桩在使用荷载和位移的作用下,其竖向承载力的提高主要取决于预压效果和注浆后端部面积的增大;Ruiz 等[100]通过现场试验发现,后注浆钻孔灌注桩竖向承载力和刚度提高的主要原因是后注浆浆液对桩端土体的改善和桩端面积的增大;Pooranampillai 等[101]对相同加载-卸载-加载周期的两根桩的荷载-位移响应进行评价,结果表明,当桩顶位移为桩径的5%时,注浆桩顶部荷载为未注浆桩的8倍,这种承载力增加的原因是注浆对桩端土体的预压大量消除了支撑土体的塑性变形,以及浆液无约束的扩散形成的大于桩径的块团面积使得桩端承载面积增大;内华达大学里诺分校的研究人员也尝试研究使用低流动性的浆液在桩端进行压密注浆来引起桩端承载能力的增强,通过压密注浆可在桩端形成黏性注浆球,对桩端土体进行压实,从而提高该区域土体的强度;沈保汉[102]对小比例模型桩进行桩端、注浆试验,挖掘后发现桩端扩大头直径比原桩增大49%~64%,扩大头底面面积比原桩增大123%~169%;Zheng 等[103]通过静载试验对北京首都国际机场不同类型桩基竖向承载力进行分析,结果表明,后注浆对桩端及桩侧土体与桩体之间的界面进行了加固,减小了桩土之间的相对滑动位移,增强了桩端阻力,使得桩基承载力得到提高,桩顶沉降减小;郭院成等[104]以郑州西三环快速路桩基工程为依托进行桩端、桩侧后注浆钻孔灌注桩静载试验,研究后注浆对钻孔灌注桩桩端、桩侧荷载分担比、沉降变形以及承载力的影响,试验结果表明,桩侧注浆改善了桩土界面的力学性质,使桩侧摩阻力发挥作用,桩端注浆固结了桩底沉渣,促使桩端阻力提前发挥,使得桩基承载力得到提高。

(3)后注浆钻孔灌注桩承载特性

随着注浆技术的不断完善,后注浆在工程中的应用也愈发广泛,许多学者也对后注浆钻孔灌注桩的承载特性进行了深入的研究。

张忠苗等[105]对砾石层为持力层的桩端后注浆钻孔灌注桩进行静载试验,发现对于不同长度的桩,桩端后注浆可以将其竖向极限承载力提高20%~40%,并且可以减小桩基的沉降变形;王旭等[106]在湿陷性黄土场地中进行桩端压密注浆对灌注桩承载力影响的试验研究,发现桩端压密注浆可将桩基的极限承载力提高44.4%;张恒等[107]采用自平衡方式对4根灌注桩进行加载,并对加载过程中桩身、桩端的应力变化进行分析,结果表明,后注浆可以使钻孔灌注桩的承载力提高约20%;黄挺等[108]对桩端后注浆的超长钻孔灌注桩进行静载试验研究,试验结果表明,注浆后灌注桩的极限承载力提高了10%,桩基下部侧摩阻力明显提高,且随着荷载的增加,侧摩阻力提高效果更加明显;邹金锋等[109]通过对深厚软土地区长钻孔灌注桩后注浆进行的静载试验得到桩端、桩侧后注浆分别可减小桩顶位移32%和23%左右;黄生根等[110-112]对苏通大桥一期、郑州黄河公路大桥等工程超长大直径试桩后压浆效果进行测试,结果表明,桩端后压浆不仅可以提高桩端阻力,还可以大幅度提高桩侧摩阻力,并且,超长大直径及软土中长桩承载力的提高主要来自桩侧摩阻力的提高[113,114],对于超长钻孔灌注桩,桩侧注浆对承载力的提高作用远大于桩端注浆[115]。

通过上述学者的研究可以看出,后注浆通过挤密和固结桩周土体、桩端扩孔、桩侧扩径、提升桩-土界面法向应力作用等方式可以大幅提高钻孔灌注桩的承载力,但是上述研究多集中在常规地质条件,对于发生湿陷的黄土中桩端后注浆对桩基承载力影响的研究还较少。

1.2.6 后注浆钻孔灌注桩浆液扩散规律研究现状

浆液扩散相关研究揭示了浆液在介质中的扩散规律,扩散范围与地质情况、浆液属性、注浆参数之间的关系,为桩端后注浆浆液在桩端土体中扩散范围的确定提供依据。目前,浆液扩散规律的研究方法主要有理论分析、模型试验和数值模拟等,许多学者采用这三种方法对浆液的扩散规律进行研究。

(1)理论分析

针对浆液扩散规律,国内外学者主要采用理论分析的方法建立不同流体浆液扩散半径与各影响因素之间的关系式。

Maag 最早于1938年提出基于达西定律的牛顿流体在砂土中球形渗透扩散的理论公式。该理论假设被注砂土为均匀各向同性介质,浆液在砂土中以球形向四周渗透扩散,建立了浆液扩散半径与注浆量、浆液黏度、注浆管半径、被注介质孔隙率和渗透率等的关系式。随后,Raffle 和 Greenwood 基于 Maag 的研究成果推导出牛顿流体在静水压力条件下注浆点源球形扩散半径、注浆压力、注浆量之间的关系[116]。

其后,大量学者基于此理论及达西定律对浆液扩散过程进行了大量的理论研究,提出了不同类型的浆液扩散模型或经验函数。杨坪等[117]基于达西定律建立了考虑浆液黏度时变性的宾汉流体渗透注浆柱形、球形扩散半径公式,并且利用多元线性回归分析的方法得到了浆液扩散半径与水灰比、注浆压力及渗透系数之间的关系;周军霞等[118]在马格理论的基础上,考虑浆液的黏度时变性,引入变黏度的概念,对渗透注浆球形及柱形扩散理论公式进行了优化统一,并通过试验对其进行了验证;杨志全等[119-121]推导出了宾汉流体球形和柱形扩散半径公式,提出了浆液扩散的柱-半球形扩散模型,并基于此模型推导出了牛顿流体、幂律流体和宾汉流体的扩散半径公式;杨秀竹等[122,123]基于广义达西定律及球形扩散理论,推导出了幂律流体及宾汉流体在砂土中的有效扩散半径计算公式,并分析出注浆压力差与稠度系数 c 和流变指数 n 分别呈线性和非线性的关系;邹金锋等[124]假设浆液在裂缝中的流动符合达西定律,劈裂形成的裂缝宽度均匀,推导出了劈裂注浆时注浆压力沿裂缝长度的衰减规律及浆液在土体中劈裂扩散时裂缝的开展规律。

(2)模型试验

采用模型试验的方法可以充分考虑实际工程特性,也有许多学者采用模型试验的方法对浆液在不同条件及因素情况下的扩散规律进行了研究。

Yang 等[125]对浆液在砂土中的扩散规律进行室内模型试验研究,得到了浆液在不同注浆压力、注浆量、水灰比和土质条件下的扩散规律,并通过回归分析得到了浆液扩散半径的半经验函数模型;李术才等[126]通过模型试验研究了考虑渗滤效应的砂土层渗透注浆浆液扩散规律,并基于达西定律及回归分析原理得到浆液扩散半径与注浆压力、水灰比、孔隙率之间的关系;张聪等[127]在脉动注浆浆液渗透扩散的基础上推导出脉动压力作用下宾汉流体渗透扩散半径的理论公式,并采用室内脉动注浆渗透模型试验验证了公式的正确性;刘健等[128]通过室内模型试验研究了水泥浆液分别在静水和动水条件下在平面裂隙中的扩散规律,通过对比发现,动水条件下浆液的开散度与逆水扩散距离存在极限值,浆液压力从注浆孔向四周逐渐衰减,随着与注浆孔距离的增加,衰减速率逐渐降低,并且动水压力场的分布存在明显的非对称性;张庆松等[129]利用自主设计的多孔介质渗透注浆扩散装置研究得到了在不同注浆速率和介质渗透率下注浆压力的时空变化规律,建立了考虑浆液扩散路径的渗透扩散模型,并通过试验验证了其可行性,能够准确地描述浆液渗透扩散的过程;方晓博[130]通过室内模型试验,对浆液在黄土中劈裂扩散规律的影响因素进行了研究,结果表明,注浆压力和水灰比对浆液的扩散规律有重要影响,工程中合理的注浆参数会对浆液劈裂扩散效果产生直接影响;薛振年等[131]通过对黄土中模型桩进行桩端及桩端-桩侧联合后注浆试验研究,发现浆液在黄土中扩散方式以压密和劈裂为主,在桩端部位形成柱状加固体及片状浆脉;叶振沛等[132]通过软土地基室内注浆模型试验,对浆脉不同位置处的压力进行研究,得到了注浆时土体内部压力与浆脉路径之间的关系;周谟远等[133]利用水平孔注浆模拟试验台对砂层中浆液的扩散规律进行研究,发现水泥单浆在砂层中主要以压密和劈裂的方式进行扩散。

(3)数值模拟

采用数值模拟的方法对浆液扩散进行研究也是最常用的方法之一,其中,有限元和离散元方法使用最为广泛。目前,国内外学者也已经采用数值模拟的方法对浆液在土体中的扩散规律进行了大量的研究。

贺剑龙等[134]利用有限元软件对砂土中钻孔灌注桩桩端后注浆浆液的扩散范

围进行了模拟研究,发现浆液在桩端以下的扩散形态为椭球形;程少振等[135]采用有限元的方式对土体劈裂注浆裂缝产生及拓展过程进行模拟研究,呈现出了浆液劈裂扩散过程中“浆泡”挤密、初始竖向劈裂、斜向二次劈裂等阶段;马连生等[136]从断裂力学的角度出发建立了黄土地区劈裂注浆裂纹拓展模型,并通过分析得到劈裂注浆产生的裂纹呈张开型,属Ⅰ型裂缝,呈现出向下不断延伸劈裂的趋势,浆液在劈裂缝中充填形成脉络,从而对土体起到加固作用。

郑刚等[137]采用 PFC2D 软件对劈裂注浆的全过程进行模拟,对不同注浆压力下浆液扩散半径、土体应力和孔隙率的变化规律进行分析,得到最优注浆压力;张杰[138]采用 PFC2D 离散元软件对黄土劈裂注浆过程中浆脉的发展及分布规律进行了研究,发现浆脉的分支数量随着注浆压力的提高而逐渐增多;孙锋等[139]基于颗粒流分析方法,考虑浆液在土体中劈裂扩散过程的流固耦合作用,分析了在不同注浆压力和不同土体中浆脉的分布和发展规律;刘光军等[140]基于离散元程序,研究了不同地压和注浆压力条件下,土体中浆液劈裂扩散范围及塑性区分布特征;耿萍等[141]利用颗粒流软件对浆液扩散的动态过程进行模拟,通过对模型数据进行分析,验证了劈裂注浆是一个压密—劈裂—压密—劈裂的动态过程;张晓双[142]采用颗粒流程序 PFC2D 从细观角度对土体劈裂注浆过程中裂缝的发展过程进行模拟,并采用有限元的方法对实际工程中的注浆效果进行评估优化;秦鹏飞[143]利用 PFC2D 软件对不良地质体劈裂注浆的浆脉形态及颗粒体位移进行了模拟,研究了不同地质条件和浆液性质对注浆效果的影响,并通过与试验结果对比验证了 PFC2D 模拟浆液劈裂扩散的可行性。

1.3 研究内容、技术路线与创新点

1.3.1 研究内容

(1)基于机器学习的黄土湿陷系数预测模型。首先基于试验数据及收集的文献资料建立数据库;然后基于 4 种机器学习算法(多元线性回归、BP 神经网络、支持向量机和随机森林)对西安单一场地黄土湿陷系数进行预测,并利用组合模型对单一模型结果进行组合,以增加预测结果的稳定性;最后通过增加训练集的多样性将单一场地预测扩展到关中地区,以增大模型的适用范围。

(2)黄土增湿变形计算模型。首先利用压力板仪测定不同干密度黄土的土水特征曲线,建立考虑干密度变化的土水特征曲线模型;然后通过增加定制构件对固结仪进行改造,并进行增湿变形试验;最后结合考虑干密度变化的土水特征曲线模型,分析黄土增湿过程中孔隙比与基质吸力的关系,建立湿陷性黄土增湿

变形模型。

(3)适用于湿陷性黄土中混凝土桩的荷载传递法。首先开展非饱和黄土、黄土-混凝土界面直剪试验,对剪切应力-剪切位移曲线、法向位移-剪切位移曲线、抗剪强度进行分析;然后利用黄土-混凝土界面剪切应力-剪切位移曲线数据提出适用于黄土-混凝土桩的荷载传递函数;最后考虑桩周土体的增湿变形、桩土界面强度随基质吸力的非线性退化,并结合提出的荷载传递函数,利用 MATLAB 编写适用于湿陷性黄土中混凝土桩的荷载传递法。

(4)模型试验验证。设计并开展湿陷性黄土混凝土灌注桩入渗模型试验,对试验过程中土体吸力场、沉降场、桩身轴力、桩端阻力、桩顶位移进行监测和分析,并利用试验数据对提出的湿陷性黄土增湿变形模型、适用于湿陷性黄土中混凝土桩的荷载传递法进行验证。

(5)基于自主设计的可视化模型箱,分别开展常规桩和桩端后注浆桩基竖向静载试验,分析在不同荷载作用下桩顶沉降、桩端阻力、桩身轴力及桩侧摩阻力沿桩身长度的分布规律,并讨论不同规律的变化原因,通过对比得到桩端后注浆对桩基承载特性的影响。通过模型试验,在常规和桩端后注浆桩基维持工作荷载情况下进行入渗试验,模拟桩周土体受到雨水浸润发生湿陷给桩基承载力带来不利影响的工程状况,分析在浸水过程中不同深度土体的体积含水率和湿陷量,以及桩身轴力、桩侧摩阻力、桩端阻力等承载特性随入渗时间的变化规律,并将其与未浸水时的试验结果进行对比,得到入渗过程中桩周土体体积含水率和湿陷变形的变化趋势,以及黄土湿陷性对桩基承载特性的影响和桩端后注浆对湿陷性黄土中桩基承载力的提高作用。

(6)基于 PFC2D 离散元软件,采用接触黏结模型,结合模型试验和黄土湿陷特性试验结果,建立桩端后注浆浆液劈裂扩散颗粒流数值分析模型,对不同注浆压力或渗透性浆液情况下浆液在桩端土体中劈裂扩散的过程进行模拟研究,分析不同注浆因素对浆液劈裂扩散半径及形态的影响,通过劈裂缝的开展、周围土体的应力和孔隙率的变化情况对浆液在桩端土体中的扩散规律进行研究,并与模型试验结果进行对比,研究后注浆浆液在桩端的实际扩散形态特征,为浆液在桩端加固范围的确定提供参考。

1.3.2 技术路线

本书利用试验研究与理论研究相结合的方法,先后对黄土湿陷特性、黄土-混凝土桩界面剪切特性、湿陷性黄土中混凝土灌注桩承载性能进行研究,具体技术路线如图 1.3 所示。

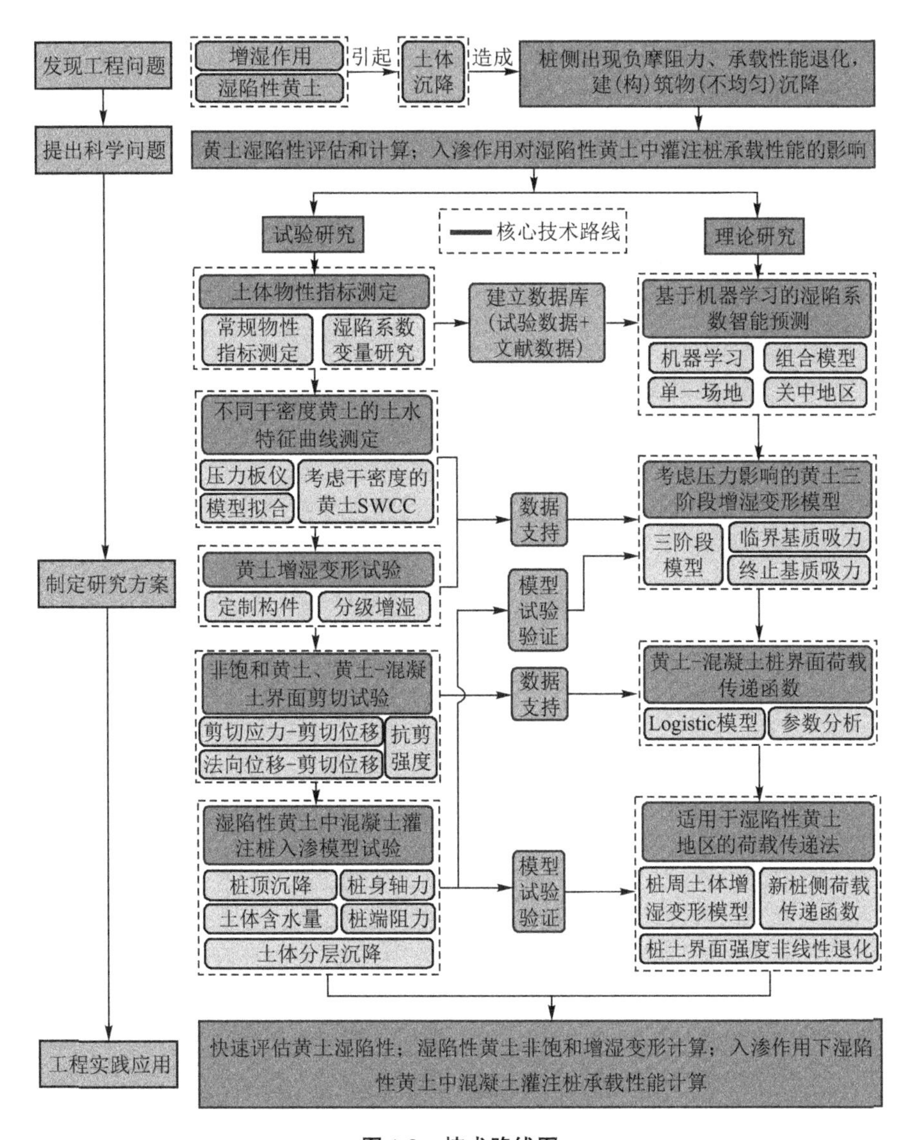

图 1.3 技术路线图

1.3.3 创新点

(1)利用4种机器学习算法(多元线性回归、BP神经网络、支持向量机和随机森林)对(从西安单一场地扩展到关中地区)黄土湿陷系数进行预测,并提出了正态分布法组合模型,使4种单一算法预测结果充分互补,降低了预测结果的离散型,提高了预测精度。

(2)利用压力板仪研究了干密度对黄土土水特征曲线的影响,建立了考虑干密度变化的 FX 土水特征曲线模型;开展了黄土增湿变形试验,考虑压力对临界基质吸力的影响,提出了考虑压力作用的黄土三阶段增湿变形模型,并利用模型试验进行验证。

(3)基于界面剪切试验数据和 Logistic 模型提出了适用于黄土-混凝土桩的荷载传递函数,同时,考虑桩周土的增湿变形、桩土界面强度随基质吸力的非线性退化,对荷载传递法进行改进,使其能够计算任意增湿条件下湿陷性黄土中混凝土桩的受力性能和变形响应,并利用模型试验进行验证。

(4)采用自主设计的可视化模型箱,开展了桩基静载及浸水试验研究,得到桩端后注浆及浸水前后桩基承载特性的变化规律,探讨桩端后注浆及浸水湿陷对桩基承载力的影响,以及桩端后注浆对黄土湿陷性中桩基承载特性不利影响的改善作用。

(5)基于 PFC2D 离散元软件,建立桩端后注浆浆液劈裂扩散颗粒流数值分析模型,研究了不同注浆压力或渗透性质浆液在桩端土体中的扩散规律,分析了不同因素对浆液劈裂扩散形态的影响,探讨了后注浆浆液在桩端土体中的扩散形态。

第2章

基于机器学习的黄土湿陷系数研究

黄土的湿陷性是湿陷性黄土地区安全事故频发的根本原因,湿陷系数是黄土地区评价场地湿陷性等级、计算场地和地基湿陷量的重要参数。本章首先研究了黄土湿陷系数与试验压力、干密度、含水率的关系;然后,利用试验数据和收集的文献资料建立数据库,选用4种机器学习算法(多元线性回归、BP神经网络、支持向量机和随机森林)建立了西安单一场地湿陷系数预测模型,并将4种单一模型预测结果按照3种传统组合方法(算术平均法、方差倒数法、二项式系数法)和本章提出的正态分布法进行组合,得到4种组合模型预测结果;最后,通过增加训练集的多样性将单一场地预测扩展到区域性(关中地区)预测,增大了模型的适用范围。

2.1 黄土湿陷性试验

2.1.1 试验取土及基本参数

试验用土取自河南省三门峡市,该地区黄土为关中地区黄土。本次取土深度约为2~4 m,共取土约为3 m^3。依据《土工试验方法标准》[144],分别测定所取黄土的天然含水率(烘干法)、天然密度(环刀法)、界限含水率(液、塑限联合测定法)、相对密度(比重瓶法)等基本物性参数,如表2.1所示。

表2.1 试验用土基本物性指标

天然含水率	天然密度	液限	塑限	相对密度	干密度	孔隙比	饱和度	塑性指数	液性指数
11.9%	1.54 g/cm^3	25.4%	17.3%	2.69	1.38 g/cm^3	0.949	33.7%	8.1	-0.67

2.1.2 黄土湿陷性试验设计

湿陷系数即规定压力下黄土单位厚度由于浸水而产生的变形量,试验采用三联固结仪,测定不同压力、含水率、干密度下的重塑黄土湿陷系数,试验的依据为《土工试验方法标准》[144]和《湿陷性黄土地区建筑标准》[3]。

黄土湿陷性试验方法分为单线法和双线法。单线法是在每级压力变形稳定后浸水至饱和,测定土体由于浸水作用产生的附加沉降。双线法每组试验仅需 2 个环刀样:一个环刀样分级施加压力至规定值,稳定后浸水(后浸水试样);另一个环刀样在第一级压力稳定后浸水,再逐级加压至规定值(先浸水试样)。单线法试验更符合实际,但需要环刀样较多,试验周期较长。双线法试验较为简单,但通常两试样最终沉降不重合,如图 2.1 所示,即 h_0ABCC_1 与 $h_0AA_1B_2C_2$ 未闭合,需要对试验结果按照《湿陷性黄土地区建筑标准》进行修正,即将先浸水样的 $A_1B_2C_2$ 修正至 $A_1B_1C_1$,修正后湿陷系数计算见式(2.1)、式(2.2)。

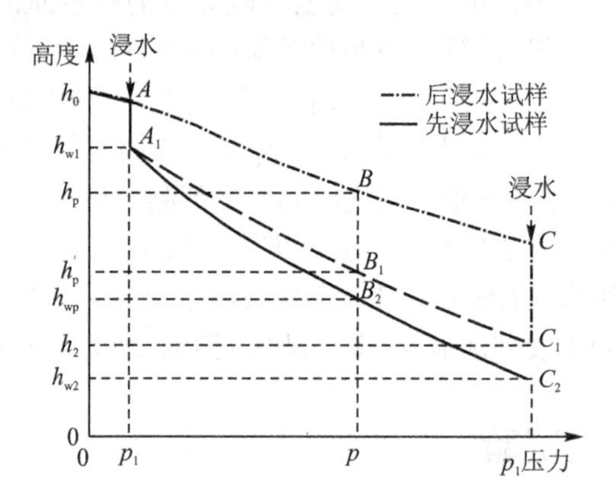

图 2.1　双线法试验修正示意图[3]

$$\delta_s = \frac{h_p - h_p'}{h_0} = \frac{h_p - [h_{w1} - k(h_{w1} - h_{wp})]}{h_0} \tag{2.1}$$

$$k = \frac{h_{w1} - h_2}{h_{w1} - h_{w2}} \tag{2.2}$$

式中,δ_s为湿陷系数;h_p 为后浸水试样的高度;h_p'为先浸水试样修正后的高度;h_0为试样初始高度;k 为双线法修正系数,应在 0.8~1.2 之间,如果超出范围,则需重新试验;h_{w1}为先浸水试样第一级压力浸水稳定后高度;h_{w2}为先浸水试样最后一级压力浸水稳定后高度;h_2为后浸水试样最后一级压力浸水稳定后高度;h_{wp}为先浸水试样未修正时高度。

试验用土为重塑黄土,采用压样法制样,具体步骤见《土工试验方法标准》。重塑黄土环刀样含水率和干密度设置如表 2.2 所示,试验压力设置为 12.5 kPa、25 kPa、50 kPa、100 kPa、150 kPa、200 kPa、300 kPa、400 kPa、500 kPa。

表 2.2 黄土湿陷性试验试样设置

干密度/(g/cm³)	含水率/%				
	5.9	8.9	11.9(天然含水率)	14.9	17.9
1.18			√		
1.28			√		
1.38(天然干密度)	√	√	√	√	√
1.48			√		
1.58			√		

试验步骤如下:

(1)仪器标定。为消除固结仪器变形量不同造成的误差,利用标定钢块,如图2.2(a)对不同仪器进行标定,测得不同仪器在各级压力下的变形值,在后续试验数据处理时需要减去对应压力下的仪器变形值。

(2)重塑土制备。对试验用土自然风干、过 2 mm 筛、配置含水率[依据表2.2闷封 24 h,如图 2.2(b)、(c)所示]。

(3)制环刀样。环刀内径为 79.8 mm,高度为 20 mm,体积为 100 cm³,根据表 2.2 试样的干密度和含水率计算需要湿土质量,利用压样法制样,环刀样如图 2.2(d)所示。

(4)进行试验。每组试验加载路径如下:后浸水试样,12.5 kPa—25 kPa—50 kPa—100 kPa—150 kPa—200 kPa—300 kPa—400 kPa—500 kPa—浸水;先浸水试样,12.5 kPa—浸水—25 kPa—50 kPa—100 kPa—150 kPa—200 kPa—300 kPa—400 kPa—500 kPa,如图 2.2(e)、(f)所示,试验具体过程和稳定标准参见《土工试验方法标准》。

(a)标定钢块

(b)自然风干

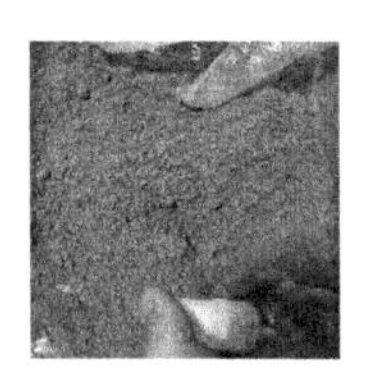
(c)配置含水率

(d)制环刀样

(e)进行试验

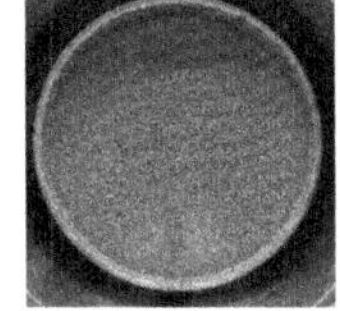
(f)湿陷后土样

图 2.2 黄土湿陷性试验过程

(5)试验数据处理。试验数据需要先减去对应的仪器误差,然后按照式(2.1)计算湿陷系数。

2.1.3 不同含水率的 e-p 和 δ_s-p 曲线分析

双线法试验的 e-p 曲线是试验原始数据的体现,不同含水率试样的孔隙比-压力(e-p)曲线如图 2.3(a)所示,后浸水试样和先浸水试样的间距表征了湿陷系数(δ_s)的大小。湿陷系数-压力(δ_s-p)曲线可以反映湿陷系数随压力的变化趋势,不同含水率试样的 δ_s-p 曲线如图 2.3(b)所示。由于 e-p 曲线是试验原始结果的体现,经过处理才得到 δ_s-p 曲线,故本节重点分析 e-p 曲线的规律以及相应的机理,而对 δ_s-p 曲线仅进行规律分析。

(1)不同含水率的 e-p 曲线分析

图 2.3(a)为不同含水率试样的 e-p 曲线,后浸水试样在压力作用下孔隙比呈现缓降—陡降—缓降的趋势,这是由于后浸水试样有一定的结构强度,在小压力时土体结构未被破坏,变形较小,在压力达到某一临界值后,土体结构被破坏,颗粒重组,孔隙体积快速减小,且含水率越大该临界压力值越小,陡降速率越快(因为含水率越大,土体结构强度越小、压缩模量越小),随着压力的进一步增加,土体结构不断密实,导致孔隙比降低速率减缓。

先浸水试样在压力作用下孔隙比呈现陡降—缓降的趋势,这是由于先浸水试样在第一级压力下已经浸水饱和,其土体结构强度极低,在小压力下土体结构就被破坏,孔隙比迅速降低,随着压力的持续增加,土体逐渐密实,压缩模量提高,孔隙比下降速率放缓。

后浸水试样的 e-p 曲线随含水率的增加逐渐下移,这时因为土体含水率增加,土体颗粒软化,土体压缩模量减小,压缩变形量增加。

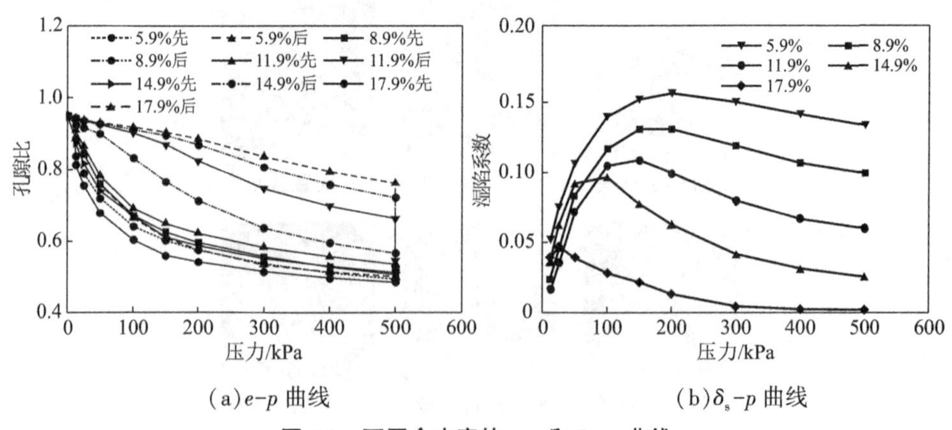

(a)e-p 曲线　　(b)δ_s-p 曲线

图 2.3　不同含水率的 e-p 和 δ_s-p 曲线

(2)不同含水率的 δ_s-p 曲线分析

图 2.3(b)为不同含水率试样的 δ_s-p 曲线,可见随着压力的增加,湿陷系数呈现出先增后减的趋势,且峰值湿陷系数(湿陷系数最大值)和峰值湿陷压力(峰值湿陷系数对应的压力值)均随含水率的增加而减小。

含水率越大,相同压力下的湿陷系数越小,压力较小时含水率对湿陷系数的影响较小(曲线密集),压力较大时含水率对湿陷系数的影响较大(曲线稀疏)。

2.1.4 不同干密度的 e-p 和 δ_s-p 曲线分析

不同干密度试样的 e-p 曲线和 δ_s-p 曲线如图 2.4 所示,与不同含水率的 e-p 和 δ_s-p 曲线分析类似,重点分析 e-p 曲线的规律以及相应的机理,而对 δ_s-p 曲线仅进行规律分析。

(1)不同干密度的 e-p 曲线分析

不同干密度的后浸水试样和先浸水试样 e-p 曲线如图 2.4(a)所示。不同干密度的 e-p 曲线随压力的变化趋势与不同含水率一致,后浸水试样在压力作用下孔隙比呈现缓降—陡降—缓降的趋势,先浸水试样在压力作用下孔隙比呈现陡降—缓降的趋势,干密度越大,后浸水试样达到陡降段的压力越大,陡降段斜率越小,这是因为干密度越大,土体初始强度越高,压缩模量越大。

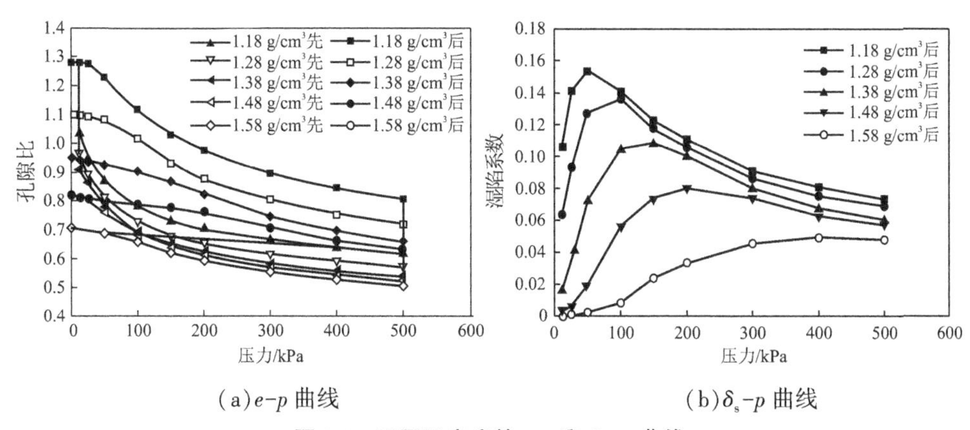

(a)e-p 曲线　　(b)δ_s-p 曲线

图 2.4 不同干密度的 e-p 和 δ_s-p 曲线

随着干密度的增大,初始孔隙比减小,e-p 曲线下移,且 e-p 曲线斜率降低,这是因为干密度越大,土体越密实,压缩模量越大,变形量越小。

随着压力的增加,不同干密度的后浸水试样孔隙比逐渐靠近,不同干密度的先浸水试样孔隙比也逐渐靠近。这是因为干密度越小,土体压缩模量越小,变形量越大,导致孔隙比减小速率大于干密度较大的试样,孔隙比逐渐靠近干密度较大的试样。

(2)不同干密度的 δ_s-p 曲线分析

图 2.4(b)为不同干密度试样的 δ_s-p 曲线,可见随着压力的增加,湿陷系数呈现出先增后减的趋势,且峰值湿陷系数(湿陷系数最大值)随干密度增加而减小,峰值湿陷压力(峰值湿陷系数对应的压力值)随干密度的增加而增大。

干密度越大,相同压力下的湿陷系数越小,压力较小时干密度对湿陷系数影响较大(曲线稀疏),压力较大时干密度对湿陷系数影响较小(曲线密集)。

2.2 湿陷系数预测模型的构建

2.2.1 各机器学习模型原理

(1)多元线性回归

在数据分析时,若一个研究变量 y 受到多个变量 $x_j(j=1,2,3,\cdots,m)$ 的共同影响,可以考虑利用多元线性回归建立变量 y 与 $x_j(j=1,2,3,\cdots,m)$ 的相关模型,进而对研究变量进行预测。多元线性回归基本公式为式(2.3),式(2.3)表示位于 $m+1$ 维空间中的“回归平面”,当 $m=2$ 时,即为真正的平面,如图 2.5(a)所示。回归值均在“回归平面”上,真实值一般在“回归平面”附近波动。

$$\hat{y}=b_0+b_1x_1+b_2x_2+\cdots+b_mx_m \tag{2.3}$$

式中,$\hat{y}$ 为 y 的回归值;$b_0,b_1,\cdots,b_m$ 为回归系数;$x_j(j=1,2,3,\cdots,m)$ 为自变量。

(2)BP 神经网络

BP 神经网络是人工神经网络的一种,由于其具有自学习和自适应、容错率高、非线性映射等优点而被广泛应用,其属于多层前馈神经网络,通常由三部分(输入层、隐含层、输出层)组成。BP 神经网络原理如图 2.5(b)所示,输入节点由若干自变量 x_j 组成,输出节点为因变量 y,通过赋予初始节点权重 ω 由输入层正向计算至输出值,这一过程称为“正向学习”。将输出值与真实值进行对比,若精度不满足预定要求,则需要进行“误差反向学习”以调整权重 ω,重复“正向-反向学习”直至精度达到预期要求,模型训练完成。

已有研究表明[145],包含一个输入层(m 个节点)、一个隐含层($2m+1$ 个节点)、一个输出层的三层 BP 神经网络模型可精确反映任何映射,本书拟采用此种 BP 神经网络模型进行湿陷系数预测。

(3)支持向量机

支持向量机(SVM)是一种基于结构风险最小化原则的学习方法,具有易训练、泛化能力强、全局最优等优点。支持向量机最初主要用于分类,模型原理如图 2.5(c)所示,L 为最优超平面,即不仅能使两类样本分开,同时还能使分类间隔最大。若两类样本线性不可分，可以通过利用核函数进行非线性变换，转变为高维线性可分问题，再进行分类。支持向量机也可以研究回归问题，称为支持向量机回归(SVR)，即需要使样本至超平面距离的最大值最小，一般分为线性回归和非线性回归。

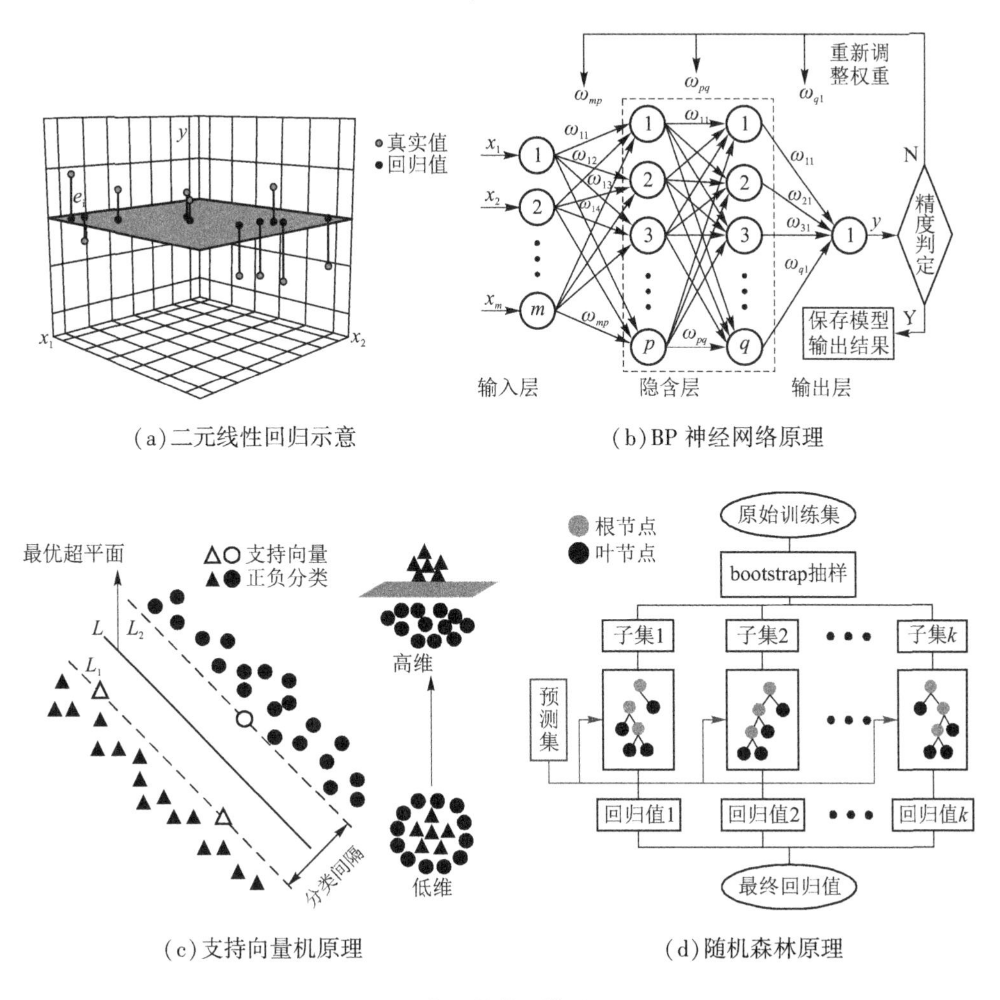

(a)二元线性回归示意　　(b)BP 神经网络原理

(c)支持向量机原理　　(d)随机森林原理

图 2.5　各机器学习模型原理图

(4)随机森林

随机森林(RF)是一种集成算法，由多棵决策树(分类树和回归树)组成，具有鲁棒性好、不易过拟合、泛化能力强等优点，可用来分类(分类树)和回归(回归树)。随机森林原理如图 2.5(d)所示，首先对原始训练集进行 bootstrap 抽样，构建与原始训练集数据组数相等的 k 个子训练集，分别用 k 个子训练集训练出 k 棵回归树。用 k 棵回归树分别对预测集进行预测，可得 k 组回归值，取所有回归值的均值为最终回归值。

2.2.2 组合模型原理

组合模型就是按照一定原理对各单一模型赋予权重，以达到克服单一模型缺陷、提高预测精度、提高泛化能力的目的，基本公式如式（2.4）所示。

$$\hat{y}_{n+h} = + \sum_{t=1}^{T} \omega_t \hat{y}_{n+h}(t) \tag{2.4}$$

式中，$\hat{y}_{n+h}(h=1,2,3,\cdots,H)$为预测集的预测值；$\omega_t(t=1,2,3,\cdots,T)$为第 t 个单一模型的权重；$\hat{y}_{n+h}(t)$为第 t 个单一模型预测集的预测值。

（1）算术平均法

算术平均法就是将 T 个单一模型预测结果取平均值，即每个单一模型权重相等，均为 $1/T$，如式（2.5）所示。

$$\omega_t = 1/T \tag{2.5}$$

（2）方差倒数法

方差倒数法就是先计算每个单一模型训练集误差平方和，再按各模型误差平方和倒数赋予权重，如式（2.6）所示。

$$\omega_t = \frac{D_t^{-1}}{\sum_{t=1}^{T} D_t^{-1}} \tag{2.6}$$

式中，D_t为第 t 个单一模型训练集误差平方和。

（3）二项式系数法

二项式系数法就是先分别求出各单一模型预测集预测值的总和，然后按从小到大排列，最后按照二项式系数赋予模型权重，如式（2.7）所示[146]。

$$\omega_t = \frac{C_{T-1}^{t-1}}{2^{T-1}} \tag{2.7}$$

式中，C_{T-1}^{t-1}为二项式系数；ω_t为排序第 t 位的单一模型权重。

若 T 为 4，则各权重为 1/8∶3/8∶3/8∶1/8。

（4）正态分布法组合模型的提出

上述组合模型均是赋予单一模型固定的权重，然而任意单一模型均有一定的局限性，可能出现某一预测值偏差较大，如果此时仍赋予它过高的权重，则会使组合结果出现较大偏差，降低组合模型稳定性。

本书利用正态分布概率密度函数，如图 2.6 所示，赋予单一模型权重。对于任意预测样本，先计算 4 种单一模型预测值的均值（u）和标准差（σ），然后通过式（2.8）将其转化为标准正态分布（均值为 0，标准差为 1），并将 x_t'代入标准正态分布概率密度函数式（2.9）中，根据 $f(x_t')$ 确定各模型权重，如式（2.10）所示。

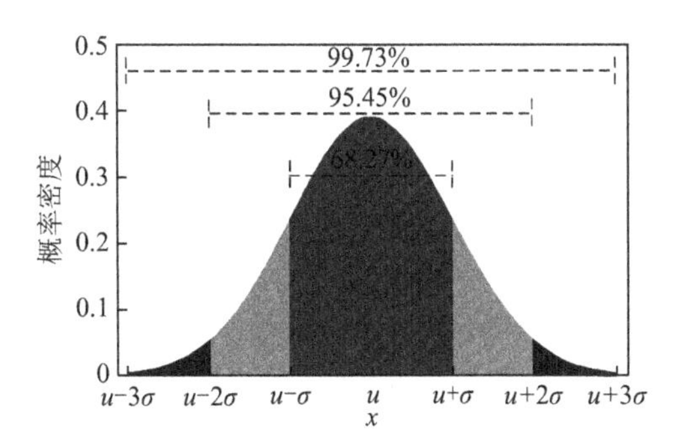

图 2.6　正态分布概率密度函数

$$x_t'=\frac{x_t-u}{\sigma} \tag{2.8}$$

$$f(x_t')=\frac{1}{\sqrt{2\pi}}e^{-\frac{x_t'^2}{2}} \tag{2.9}$$

$$\omega_t=\frac{f(x_t')}{f(x_1')+f(x_2')+f(x_3')+f(x_4')} \tag{2.10}$$

式中，x_t为第 t 个单一模型的预测值；u 为单一模型的预测均值；σ 为单一模型预测值的标准差；ω_t为第 t 个模型权重。

2.2.3　特征选取原理

特征即影响因素，特征选取就是在一系列影响因素中选出若干个因素，以达到降维的目的。特征选取能够提高模型泛化能力、减少过拟合、降低数据成本和减少训练时间。本书利用 Pearson 相关系数与随机森林重要性排序共同选择影响因素，首先计算各物性指标的随机森林重要性指数，确定物性指标影响因素排序，再通过计算 Pearson 相关系数，在相关系数绝对值大于等于 0.8 的两/多个物性指标中仅保留一个物性指标，以降低冗余度，本书拟选取 4 个物性指标，用于建立预测模型。

(1)Pearson 相关系数

Pearson 相关系数 r 是衡量两个变量线性相关程度的指标，计算如式(2.11)所示，$r\in[-1,1]$，$|r|$越接近 1，线性相关越强。根据$|r|$的大小可将两变量间的线性相关强度分为极强相关($0.8\leqslant|r|\leqslant1.0$)、强相关($0.6\leqslant|r|<0.8$)、中等相关($0.4\leqslant|r|<0.6$)、弱相关($0.2\leqslant|r|<0.4$)和极弱相关($0\leqslant|r|<0.2$)。

$$r=\frac{\sum_{i=1}^{n}(x_i-\bar{x})(y_i-\bar{y})}{\sqrt{\sum_{i=1}^{n}(x_i-\bar{x})^2\cdot\sum_{i=1}^{n}(y_i-\bar{y})^2}} \tag{2.11}$$

(2)随机森林重要性排序

2.2.1 节介绍了随机森林分类和回归的基本原理,随机森林不仅可以用来分类和回归,还可以通过计算随机森林重要性指数对各影响因素进行重要性排序。随机森林回归抽样方法为 bootstrap 抽样,如果原始训练集由 n 组数据组成,则在抽取子训练集时,每组数据未被抽中的概率相同,均为$(1-1/n)^n$,这些未被抽中的数据即为“袋外数据”(OOB)。将每个子训练集的袋外数据代入相应的“回归树”中,可以计算出袋外数据误差(errOOB1)。随机对所有“袋外数据”的某一特征/因变量 x_i施加噪声干扰,可得到干扰后的袋外数据误差(errOOB2)。依次计算出全部“回归树”的袋外数据误差和干扰后的袋外数据误差,代入式(2.12),即可计算出各自变量的随机森林重要性指数(FIM)。

$$\mathrm{FIM}(x_i)=\frac{\sum_{s=1}^{k}\left[(\mathrm{errOOB2})_s-(\mathrm{errOOB1})_s\right]}{k} \tag{2.12}$$

式中,$\mathrm{FIM}(x_i)$为第 i 个因变量的随机森林重要性指数;$(\mathrm{errOOB1})_s$为第 s 棵回归树的袋外数据误差;$(\mathrm{errOOB2})_s$为第 s 棵回归树的干扰后袋外数据误差;k 为回归树数量。

2.2.4 预测模型流程图

利用 MATLAB 软件构建湿陷系数预测模型,算法流程如图 2.7 所示。第一步:导入原始数据,计算 Pearson 相关系数和随机森林重要性指数进行特征(基本物性指标)选取,生成训练集和预测集。第二步:将训练集数据依次代入多元线性回归、BP 神经网络、支持向量机回归(SVR)和随机森林(RF)回归,可得到 4 种单一预测模型。第三步:将预测集数据代入上述 4 种单一模型中,可得到 4 种单一模型预测结果,将 4 种单一模型预测结果依次按照算术平均法、方差倒数法、二项式系数法和正态分布法进行组合,得到 4 种组合模型预测结果。

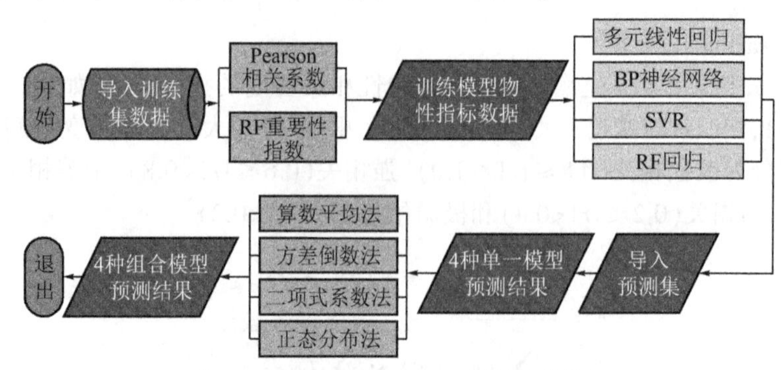

图 2.7 预测模型 MATLAB 算法实现流程

2.3 预测模型应用与分析

2.3.1 西安单一场地湿陷系数预测

数据选自引汉济渭二期工程沿线[147],地点为西安市,土体物性指标数据包括湿陷系数、孔隙比、干密度、饱和度、相对密度、天然含水率、液限、塑限、液性指数和塑性指数等,共选取70组数据,其中前60组构建训练集,后10组构建预测集,完整数据见附录。

训练集数据的矩阵散点图如图2.8所示,该图可以简单明了地表达各指标的分布区间和相互联系,图中为置信椭圆。

土体各物性指标间的相关系数如图2.9所示,随机森林重要性排序如图2.10所示。由图2.9可知,孔隙比-干密度、液限-塑限-塑性指数相关系数绝对值均大于0.9,为极强相关,故均取一个指标即可,本算例分别取孔隙比、液限。由图2.10可知,影响因素随机森林重要性排序为:饱和度>孔隙比>干密度>相对密度>天然含水率>液性指数>液限>塑性指数>塑限。剔除线性相关性后随机森林重要性排序为:饱和度>孔隙比>相对密度>天然含水率>液性指数>液限,选取排序前4,即饱和度、孔隙比、相对密度、天然含水率来构建预测模型。

将数据导入2.2.4节编写好的算法中,即可得到4种单一模型预测结果和4种组合模型预测结果,预测结果如表2.3所示。计算各模型预测残差和相对误差,如图2.11所示。

选用平均绝对误差(MAE)、平均绝对百分比误差(MAPE)、希尔不等系数(Theil IC)等精度指标对各预测模型精度进行分析。各指标计算如式(2.13)所示,上述指标数值越小代表模型精度越高,各模型精度指标计算结果如表2.4所示。可见在单一预测模型(多元线性回归、BP神经网络、支持向量机回归、随机森林回归)中BP神经网络预测结果较好,单一模型预测精度整体低于组合模型,且本书提出的正态分布法组合模型表现较好。这是因为每种单一模型均基于一定假设,存在一定缺陷,预测结果离散性较大,而组合模型通过将多种单一模型预测结果进行组合,让各单一模型之间充分互补,以达到降低预测结果离散性、提高预测精度的目的。

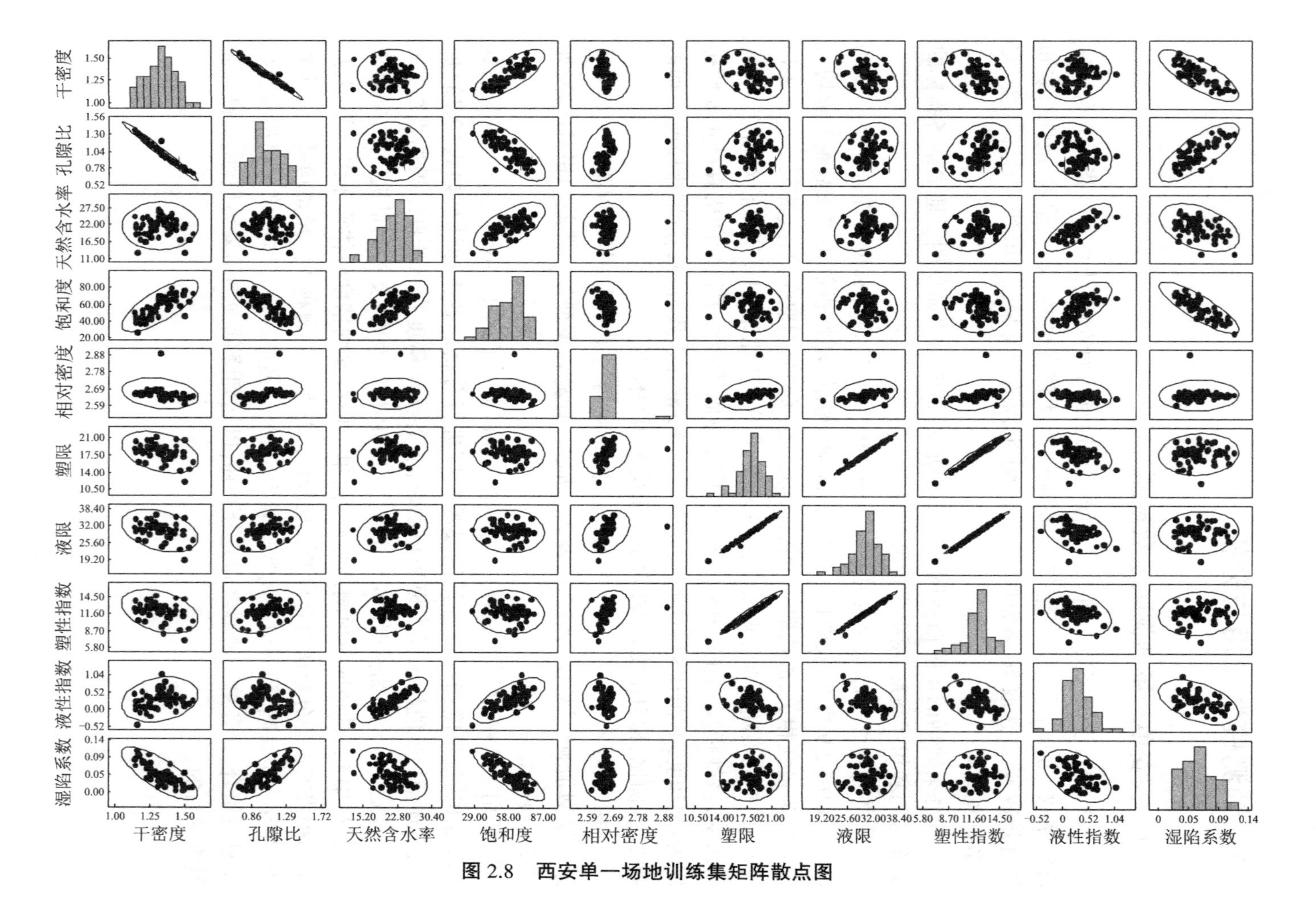

图 2.8　西安单一场地训练集矩阵散点图

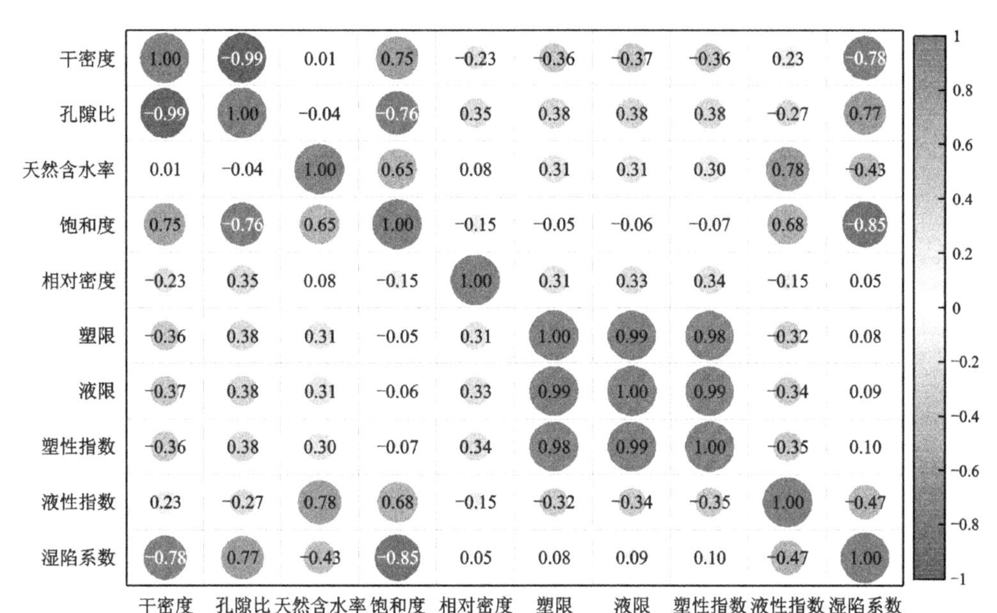

图 2.9 西安单一场地训练集相关系数图

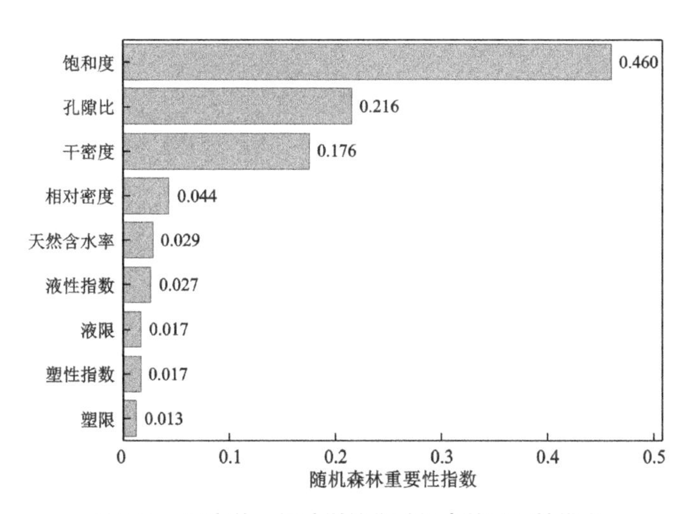

图 2.10 西安单一场地训练集随机森林重要性排序

表 2.3　西安单一场地湿陷系数预测结果

编号	实测值	单一模型预测结果				组合模型预测结果			
		多元线性回归	BP 神经网络	支持向量机回归	随机森林回归	算术平均法	方差倒数法	二项式系数法	正态分布法
61	0.067	0.057	0.051	0.058	0.057	0.056	0.057	0.055	0.057
62	0.044	0.050	0.045	0.051	0.044	0.047	0.046	0.047	0.047
63	0.061	0.047	0.040	0.047	0.042	0.044	0.043	0.044	0.044
64	0.037	0.048	0.043	0.049	0.044	0.046	0.045	0.046	0.046
65	0.048	0.045	0.037	0.046	0.040	0.042	0.041	0.042	0.042
66	0.038	0.042	0.035	0.043	0.032	0.038	0.035	0.038	0.038
67	0.034	0.035	0.034	0.037	0.020	0.032	0.026	0.033	0.033
68	0.051	0.083	0.066	0.086	0.060	0.074	0.067	0.074	0.074
69	0.016	0.022	0.024	0.020	0.014	0.020	0.017	0.022	0.021
70	0.104	0.066	0.074	0.068	0.056	0.066	0.060	0.068	0.067

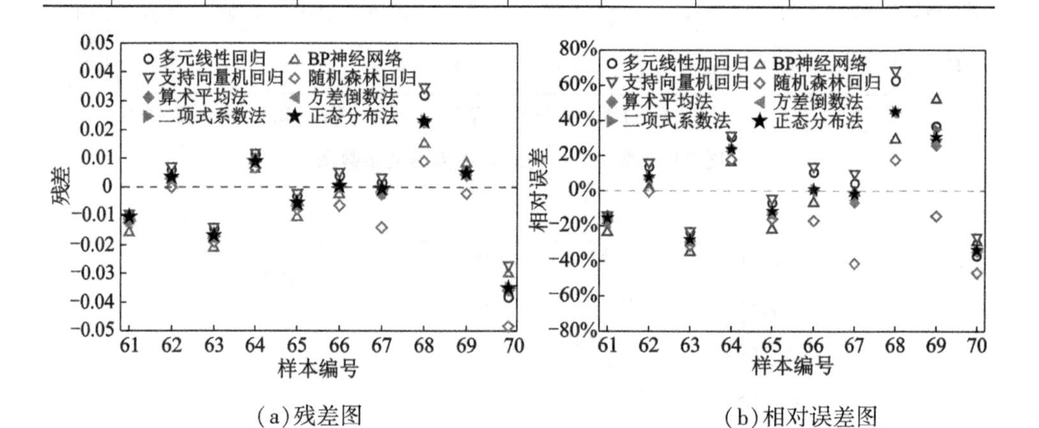

(a)残差图　　(b)相对误差图

图 2.11　西安单一场地各模型预测残差、相对误差图

$$
\begin{cases}
\text{MAE} = \dfrac{1}{H}\sum_{h=1}^{H} \left| \hat{y}_{n+h} - y_{n+h} \right| \\
\text{MAPE} = \dfrac{1}{H}\sum_{h=1}^{H} \dfrac{\left| \hat{y}_{n+h} - y_{n+h} \right|}{y_{n+h}} \times 100\% \\
\text{Theil IC} = \dfrac{\sqrt{\dfrac{1}{H}\sum_{h=1}^{H}(\hat{y}_{n+h} - y_{n+h})^2}}{\sqrt{\dfrac{1}{H}\sum_{h=1}^{H}\hat{y}_{n+h}^2} + \sqrt{\dfrac{1}{H}\sum_{h=1}^{H}y_{n+h}^2}}
\end{cases}
\tag{2.13}
$$

表 2.4 西安单一场地各模型预测精度指标

精度指标	单一模型预测结果				组合模型预测结果			
	多元线性回归	BP 神经网络	支持向量机回归	随机森林回归	算术平均法	方差倒数法	二项式系数法	正态分布法
MAE	0.012 6	0.011 0	0.011 9	0.012 3	0.011 2	0.011 3	0.011 3	0.010 9
MAPE	24.0%	21.6%	23.5%	21.7%	20.0%	20.1%	20.9%	19.8%
Theil IC	0.163	0.140	0.144	0.183	0.148	0.150	0.148	0.145

2.3.2 单一场地模型失效

依据《湿陷性黄土地区建筑标准》,西安地区黄土属于关中黄土,将训练完成的西安单一场地湿陷系数预测模型直接运用于关中地区其他黄土场地[25,92-93],预测结果如表 2.5 所示,精度指标如表 2.6 所示。

表 2.5 模型预测结果

地区	实测值	单一模型预测结果				组合模型预测结果			
		多元线性回归	BP 神经网络	支持向量机回归	随机森林回归	算术平均法	方差倒数法	二项式系数法	正态分布法
三门峡[25]	0.080	0.091	0.086	0.104	0.061	0.086	0.088	0.084	0.088
三门峡[25]	0.095	0.080	0.086	0.096	0.061	0.081	0.083	0.080	0.082
三门峡[25]	0.085	0.068	0.086	0.084	0.061	0.075	0.078	0.074	0.075
三门峡[25]	0.056	0.048	0.074	0.062	0.051	0.059	0.062	0.057	0.058
三门峡[25]	0.022	0.040	0.057	0.053	0.052	0.050	0.051	0.051	0.042
咸阳泾阳[92]	0.016	0.028	0.060	0.049	0.050	0.047	0.049	0.048	0.049
西安[92]	0.020	0.039	0.067	0.056	0.051	0.053	0.056	0.053	0.054
西安灞桥[93]	0.017	0.042	0.052	0.052	0.045	0.048	0.049	0.048	0.048
西安灞桥[93]	0.004	0.022	0.032	0.028	0.024	0.026	0.028	0.026	0.026
西安灞桥[93]	0.015	0.017	0.030	0.023	0.020	0.022	0.024	0.022	0.022

表 2.6　模型预测精度指标

精度指标	单一模型预测结果				组合模型预测结果			
	多元线性回归	BP 神经网络	支持向量机回归	随机森林回归	算术平均法	方差倒数法	二项式系数法	正态分布法
MAE	0.014 7	0.023 8	0.019 8	0.023 0	0.018 6	0.019 4	0.018 7	0.017 8
MAPE	93.89%	171.80%	142.92%	130.25%	132.17%	139.38%	132.65%	128.75%
Theil IC	0.151 3	0.239 7	0.204 0	0.247 1	0.196 7	0.201 5	0.201 2	0.190 5

可见,各模型预测结果平均误差大多在 100%以上,模型预测结果失去意义,即单一场地湿陷系数预测模型并不能直接用于预测该场地附近地区黄土的湿陷系数,这是由于黄土特殊的形成过程,导致黄土区域特征明显。

2.3.3　关中及周边湿陷性黄土分布区

为了消除单一场地预测模型不能用于预测区域黄土湿陷系数的局限性,通过收集大量关中黄土相关数据,扩展模型的训练集,以增加训练集数据的多样性。在收集数据时,为保证数据的多样性,每场地训练集数据不高于 10 组,共 13 篇文献(以及第 2.1 节试验数据),24 个黄土场地,147 组数据,涵盖关中及周边湿陷性黄土分布区,完整数据见附录。

训练集数据的矩阵散点图如图 2.12 所示,土体各物性指标间的相关系数如图 2.13 所示,随机森林重要性排序如图 2.14 所示。

影响因素随机森林重要性排序为:饱和度>液性指数>孔隙比>塑限>液限>天然含水率>相对密度>塑性指数>干密度。孔隙比-干密度、饱和度-天然含水率-液性指数、液限-塑性指数相关系数绝对值均大于等于 0.8,为极强线性相关,故均取一个指标即可。剔除线性相关性后,随机森林重要性排序为:饱和度>孔隙比>塑限>液限>相对密度。选取排序前 4,即饱和度、孔隙比、塑限、液限来构建预测模型。

将数据导入 2.2.4 节编写好的算法中,即可得到 4 种单一模型预测结果和 4 种组合模型预测结果,预测结果如表 2.7 所示,计算各模型预测残差和相对误差,如图 2.15 所示,精度指标计算结果如表 2.8 所示。与前文西安单一场地预测模型结论类似,总体上组合模型预测精度高于单一模型,且本书提出的正态分布法组合模型综合精度最高。

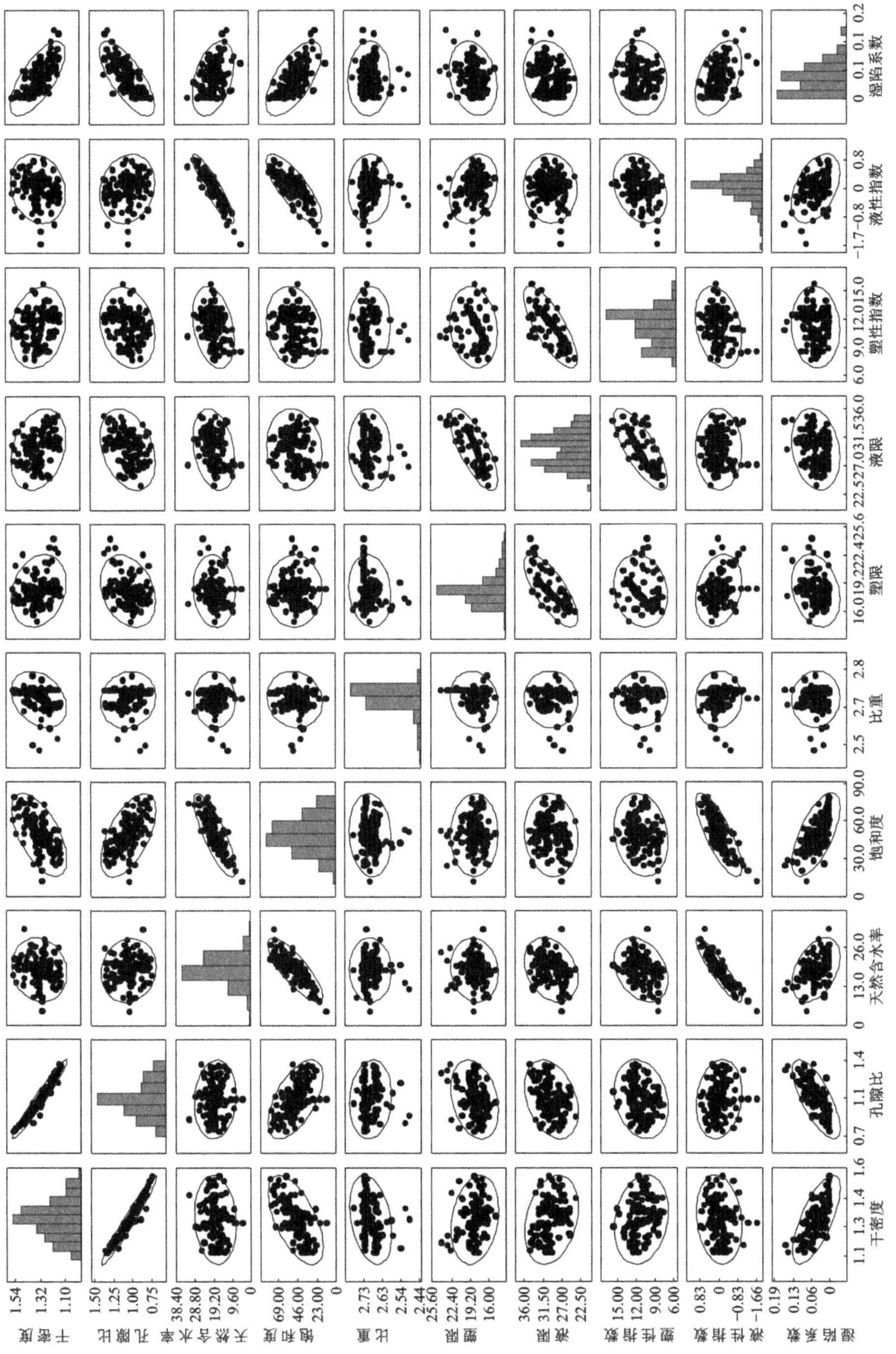

图2.12　关中地区训练集矩阵散点图

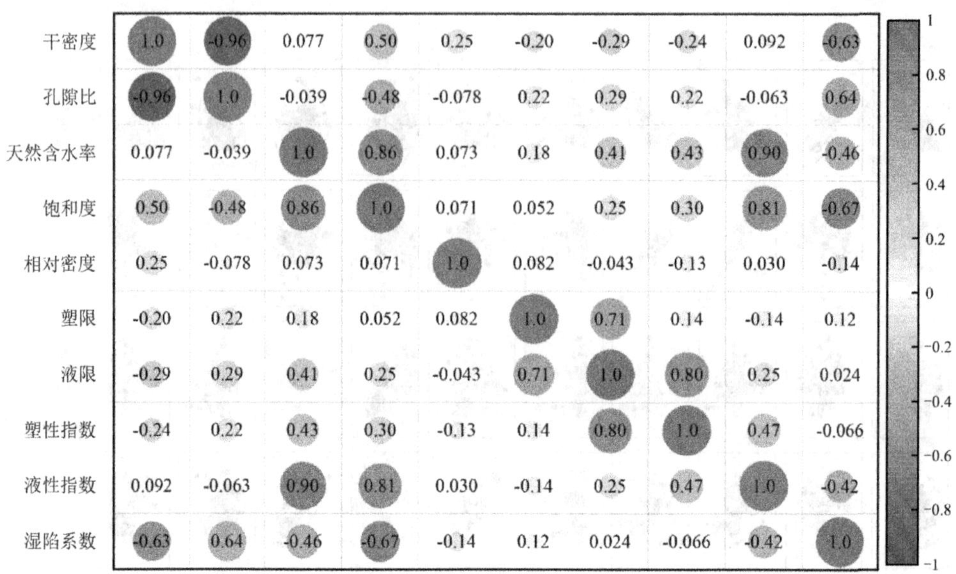

图 2.13　关中地区训练集相关系数图

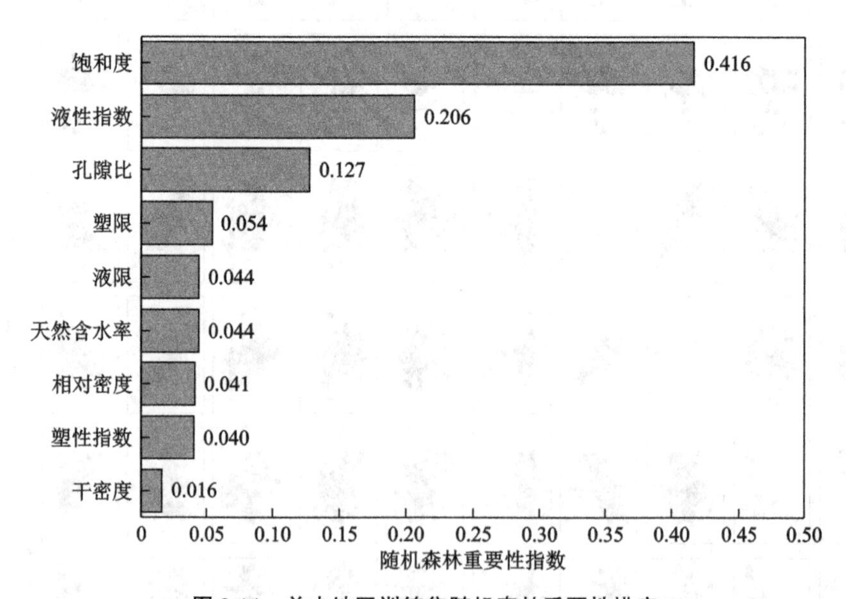

图 2.14　关中地区训练集随机森林重要性排序

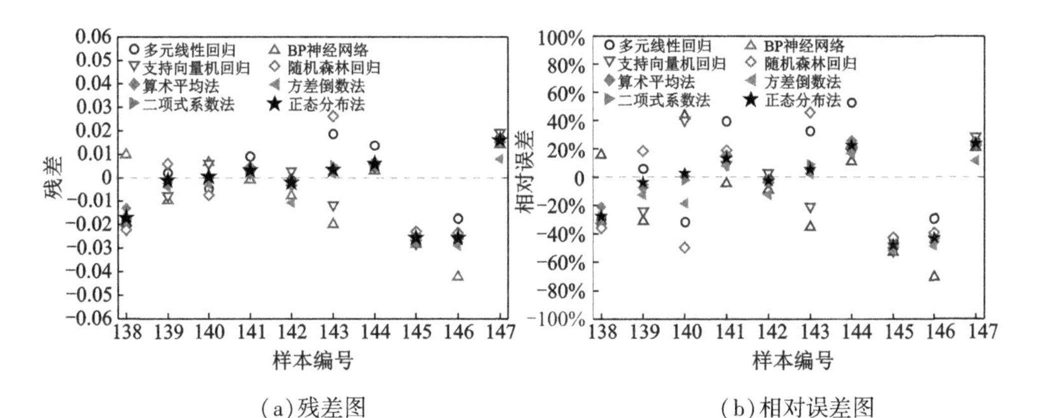

(a)残差图　　　(b)相对误差图

图 2.15　关中地区各模型预测残差、相对误差图

表 2.7　关中地区湿陷系数预测结果

编号	实测值	单一模型预测结果				组合模型预测结果			
		多元线性回归	BP 神经网络	支持向量机回归	随机森林回归	算术平均法	方差倒数法	二项式系数法	正态分布法
138	0.062	0.044	0.072	0.040	0.040	0.049	0.043	0.045	0.045
139	0.032	0.034	0.022	0.024	0.038	0.030	0.028	0.030	0.031
140	0.015	0.010	0.022	0.021	0.008	0.015	0.012	0.015	0.015
141	0.023	0.032	0.022	0.025	0.027	0.027	0.025	0.026	0.026
142	0.087	0.086	0.079	0.090	0.084	0.085	0.076	0.086	0.085
143	0.057	0.075	0.037	0.045	0.083	0.060	0.058	0.062	0.060
144	0.026	0.040	0.029	0.031	0.032	0.033	0.030	0.032	0.032
145	0.054	0.031	0.026	0.026	0.031	0.028	0.026	0.028	0.028
146	0.060	0.043	0.018	0.034	0.036	0.033	0.031	0.034	0.035
147	0.067	0.084	0.081	0.086	0.082	0.083	0.075	0.084	0.083

表 2.8　关中地区各模型预测精度指标

精度指标	单一模型预测结果				组合模型预测结果			
	多元线性回归	BP 神经网络	支持向量机回归	随机森林回归	算术平均法	方差倒数法	二项式系数法	正态分布法
MAE	0.012 5	0.014 2	0.013 0	0.013 7	0.010 1	0.010 9	0.010 4	0.010 0
MAPE	29.06%	29.37%	27.43%	29.86%	19.67%	21.36%	19.95%	19.23%
Theil IC	0.136 1	0.185 5	0.158 1	0.153 7	0.134 7	0.150 8	0.137 3	0.135 0

2.4 本章小结

本章开展了黄土基本物性指标和湿陷性试验,对黄土湿陷系数影响因素进行分析,并结合机器学习算法建立了单一场地和区域黄土湿陷系数预测模型,主要结论如下:

(1)通过控制压力(12.5 kPa、25 kPa、50 kPa、100 kPa、150 kPa、200 kPa、300 kPa、400 kPa、500 kPa)、含水率(5.9%、8.9%、11.9%、14.9%、17.9%)、干密度(1.18 g/cm^3、1.28 g/cm^3、1.38 g/cm^3、1.48 g/cm^3、1.58 g/cm^3)进行黄土湿陷性试验,分析了不同干密度和含水率试样的 e-p 曲线、δ_s-p 曲线变化规律及机理。

(2)利用4种机器学习算法(多元线性回归、BP神经网络、支持向量机和随机森林回归)建立了西安单一场地湿陷系数预测模型,并将4种单一模型预测结果按照3种传统组合方法(算术平均法、方差倒数法、二项式系数法)和本书提出的正态分布法进行组合,得到了4种组合模型预测结果。利用精度指标对各模型预测精度进行分析,发现总体上单一模型预测精度弱于组合模型,且本书提出的正态分布法组合模型预测精度最好。

(3)单一场地湿陷系数预测模型不能直接用来预测附近区域黄土的湿陷性,通过增加训练集的多样性(共24个场地,147组数据,涵盖关中及周边湿陷性黄土分布区)消除了这一局限性,将预测范围从单一场地扩展到区域性黄土,各模型预测精度与结论(2)类似。

第3章

黄土持水性能及增湿变形研究

本章利用压力板仪对不同干密度黄土的土水特征曲线进行测定,分析干密度对土水特征曲线的影响,分别利用 Gardner 模型、VG 模型、FX 模型对试验结果进行拟合,对比各模型的拟合精度,并建立拟合参数与干密度的关系式。通过增加构件,在固结仪上进行黄土增湿变形试验,基于土体三阶段增湿变形模型,分析了湿陷起始基质吸力与压力的关系,建立了考虑压力变化的黄土增湿变形模型。

3.1 土水特征曲线试验设计

3.1.1 土水特征曲线测定方法

土水特征曲线(SWCC)是非饱和土力学中的一种基本本构关系,用来描述土体吸力与含水量之间的联系。SWCC 可用来计算非饱和土的多种参量,如体积变化量、渗透系数、强度等,在非饱和土力学研究中占据着重要地位。

非饱和土中的总吸力包括基质吸力和渗透吸力,对于一般土体,离子浓度较低,渗透吸力较小,土体性质主要受基质吸力的影响,因此土水特征曲线中的吸力可以是总吸力也可以是基质吸力[159]。SWCC 的测定主要是吸力的测定,目前 SWCC 的测定方法主要有张力计法、压力板仪法、蒸汽平衡法、滤纸法等,各方法对比见表 3.1[159,160]。

表 3.1 SWCC 主要测定方法

测定方法	测定类别及范围	优点	缺点
张力计法	基质吸力 0~90 kPa	体积小、测量速度快、适用于野外	受“气蚀”现象的影响,其测量范围较小

续表 3.1

测定方法	测定类别及范围	优点	缺点
压力板仪法	基质吸力 0 ~ 1500 kPa	精度高、操作简单、可以率定其他装置	仪器成本相对较高、试验周期较长
蒸汽平衡法	总吸力 3000 ~ 10^6 kP	成本低、可测定高吸力段(可达到 10^6 kPa)	试验周期长、试验需要恒温环境
滤纸法(接触)	基质吸力 10 ~ 10^4 kP	成本低、测定范围广	试验操作要求高、平衡时间较长
滤纸法(非接触)	总吸力 10^3 ~ 10^5 kP		

3.1.2 试验仪器与原理

试验采用 Soilmoisture 公司生产的 1500 型 15 bar 压力板仪,如图 3.1 所示,设备主要由氮气瓶、压力控制阀、压力室、陶土板、集水瓶组成。

试验基于轴平移技术,如图 3.2 所示,将饱和后的土样放置于饱和的陶土板上,对压力室施加压力,压力室内部的高压会把多余水分沿着陶土板微孔排出,由于陶土板微孔均是饱和的,所以微孔中液体-气体接触面上的表面张力将会平衡压力室内的高气压。在施加某一指定压力后,土壤中的水分会沿着陶土板微孔排出,直到微孔水膜的有效曲率半径等于土壤颗粒水膜的有效曲率半径,此时土壤水分排出将会停滞,此级压力达到平衡状态。这时压力室内的压力值与土壤基质吸力大小相等,即土体的基质吸力为压力室内所施加的压力。依次施加指定压力即可得到一系列含水率和对应基质吸力数据。

图 3.1 压力板仪设备图

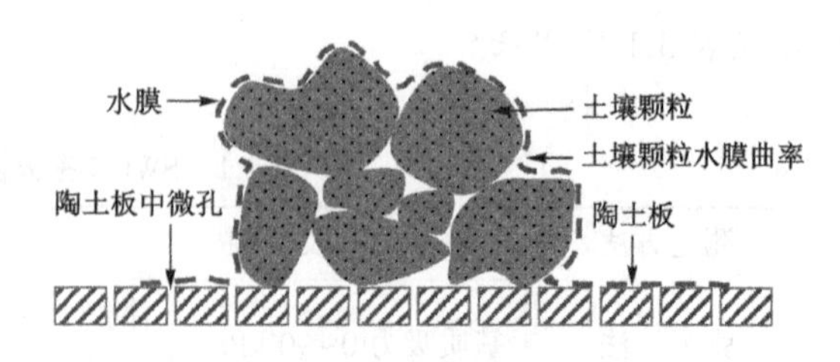

图 3.2 压力板仪原理示意图

3.1.3 试验设计与步骤

土水特征曲线测定的基质吸力(即施加气压)设置为 5 kPa、10 kPa、30 kPa、50 kPa、100 kPa、300 kPa、500 kPa、700 kPa、1000 kPa。控制试样干密度分别为 1.28 g/cm^3、1.38 g/cm^3、1.48 g/cm^3、1.58 g/cm^3,以研究干密度对土水特征曲线的影响,每组干密度制备两个试样,结果取二者平均值,共计 8 个试样。本书每级采用的平衡标准为 24 h 排水量小于土体体积的 0.05%[161]。

试验具体步骤如下:

(1)试样制备:将自然风干的土体过 2 mm 筛,按照 11.9%的含水率配置,再依据预期试样的干密度计算用土量,利用压样法制得不同干密度试样,如图 3.3(a)所示。

(2)陶土板饱和及试样安放:将陶土板放入真空脱气缸中进行饱和,饱和后安装在压力室内,并用滤纸吸收陶土板自由水分,使陶土板达到饱和面干状态,然后将饱和土样放在陶土板上,拧紧压力室上盖,如图 3.3(b)所示。

(3)施加气压:按照预定气压路径施加气压,记录每 24 h 排水量。

(4)称重:在排水量达到稳定标准后(排水量受环境因素影响,可能会有误差),迅速取出试样称重,如图 3.3(c)所示,然后继续施加该气压 24 h 再次称重,若质量差满足稳定标准则施加下一级气压。

(5)烘干试样:在最后一级气压平衡后,取出试样,如图 3.3(d)所示,并烘干称重。

(6)数据整理:通过每级湿土质量和烘干后的干土质量,可得到每级基质吸力对应的质量含水率。

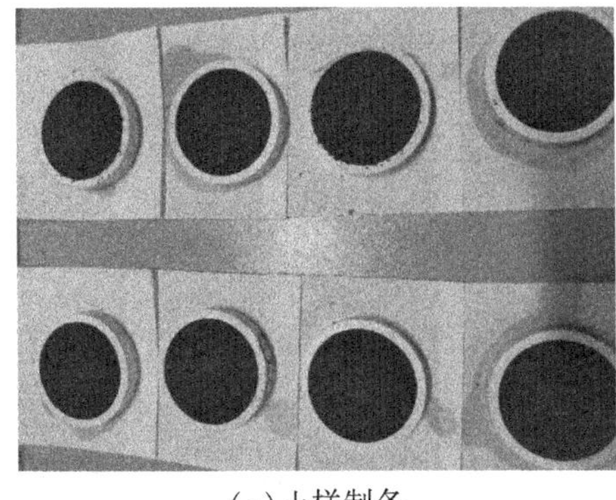

(a)土样制备

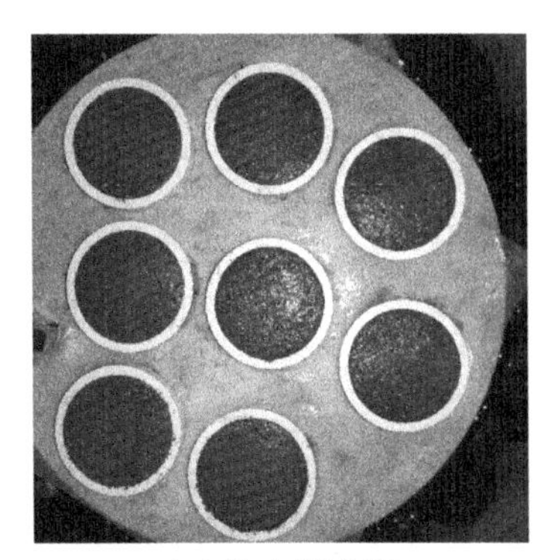

(b)放入压力室

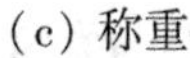

(c) 称重

(d)结束后试样

图 3.3 土水特征曲线试验过程

3.2 土水特征曲线试验结果分析

3.2.1 土水特征曲线测定结果

将试验得到的基质吸力和体积含水量(等于质量含水率乘以干密度)数据绘制成点线图,如图 3.4 所示。可见各干密度试样体积含水量均随着基质吸力的增加而逐渐减小。

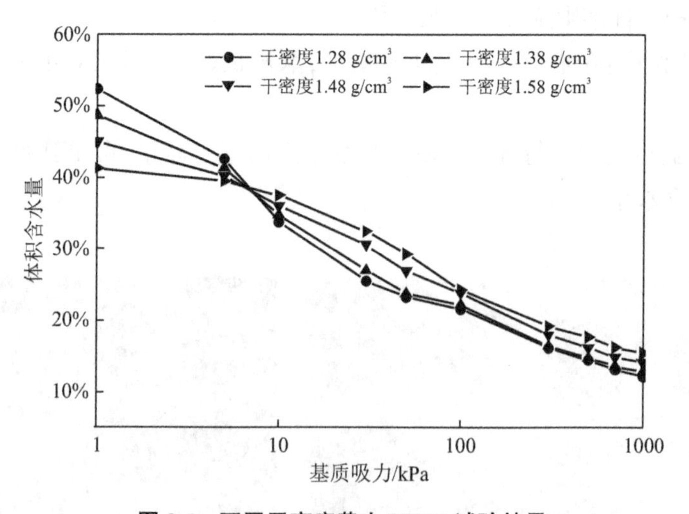

图 3.4 不同干密度黄土 SWCC 试验结果

试样干密度越大,相应的饱和体积含水量越小,进气值越大,失水速率越低,持水能力越强,土水特征曲线越平缓。这是因为在干密度较大的试样中,孔隙较为密致,孔隙平均半径较小,孔隙水的黏聚吸附能力较强,持水能力较强,需要更大的进气值才能使土体中的水分排出,且排水速率较小。随着干密度的减小,孔隙平均半径增加,持水能力变弱,排水速率增加。

在基质吸力较小阶段,干密度越小,体积含水量越大,然而在基质吸力较大阶段,干密度越小,体积含水量越小。这是因为干密度越小的试样饱和体积含水量越大,而随着基质吸力的增加,干密度小的试样失水速率较大,导致在高基质吸力段体积含水量反而小于干密度较大的试样。

3.2.2 土水特征曲线拟合分析

土水特征曲线测定试验得到的是一系列含水率和吸力的离散数据点,而在实际应用中,土水特征曲线需要具有完整的数学表达式。大批学者对土水特征曲线拟合模型进行了研究,产生了丰富的研究成果,其中代表性土水特征曲线模型有 Gardner 模型[162]、BC 模型[163]、VG 模型[164]、Williams 模型[165]、MB 模型[166]、FX 模型[167]等,模型公式如表 3.2 所示。

本节分别采用 Gardner 模型、VG 模型、FX 模型对不同干密度湿陷性黄土的土水特征曲线数据进行拟合,并对比各模型的拟合精度,分析拟合参数随试样干密度的变化规律。

(1)Gardner 模型

Gardner 模型拟合图如图 3.5 所示,拟合参数如表 3.3 所示,各拟合参数与干密度的关系如图 3.6 所示。Gardner 模型对 4 种干密度试样拟合曲线的平均 R^2 为 0.989 5,参数 a_g 随干密度的增加逐渐增大,参数 n_g 随干密度的增加先减小后增大。

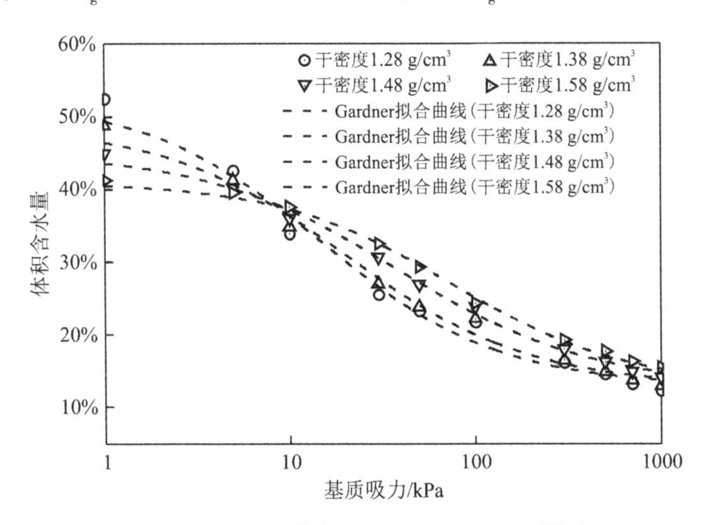

图 3.5 不同干密度 SWCC 曲线 Gardner 模型拟合图

表 3.2　代表性土水特征曲线模型

模型	公式	备注
Gardner 模型 (1958)[162]	$\theta=\dfrac{\theta_s-\theta_r}{1+\left(\dfrac{\psi}{a_g}\right)^{n_g}}+\theta_r$	a_g为与进气值有关的参数；n_g为与曲线斜率有关的参数
BC 模型 (1964)[163]	$\theta=\begin{cases}\theta_s,\psi\leqslant\psi_a\\ \theta_r+(\theta_s-\theta_r)\left(\dfrac{\psi_a}{\psi}\right)^{\lambda},\psi>\psi_a\end{cases}$	ψ_a为进气值；λ 为与孔径分布相关的参数
VG 模型 (1980)[164]	$\theta=\dfrac{\theta_s-\theta_r}{[1+(a_v\psi)^{n_v}]^{m_v}}+\theta_r$	a_v为与进气值有关的参数；n_v为与曲线斜率有关的参数；m_v为与残余含水量有关的参数
Williams 模型(1983)[165]	$\theta=\exp\left(\dfrac{\ln\psi-a_w}{b_w}\right)$	a_w、b_w为拟合参数
MB 模型 (1987)[166]	$\theta=\dfrac{\theta_s-\theta_r}{1+\exp\left[\dfrac{(\psi-a_m)}{n_m}\right]}+\theta_r$	a_m、n_m为拟合参数
FX 模型 (1994)[167]	$\theta=\theta_s\times\dfrac{\left[1-\dfrac{\ln\left(\dfrac{1+\psi}{\psi_r}\right)}{\ln\left(\dfrac{1+10^6}{\psi_r}\right)}\right]}{\left[\ln\left(e+\left(\dfrac{\psi}{a_f}\right)^{n_f}\right)\right]^{m_f}}$	a_f为与进气值有关的参数；n_f为与曲线斜率有关的参数；m_f为与残余含水量有关的参数

注：θ 为体积含水量；ψ 为基质吸力；θ_r为残余体积含水量；θ_s为饱和体积含水量；ψ_r为残余基质吸力；e 为自然常数。

表 3.3　Gardner 模型拟合参数及 R^2

参数	干密度/(g/cm³)			
	1.28	1.38	1.48	1.58
a_g	14.994	20.398	31.138	74.633
n_g	0.910	0.887	0.838	0.922
R^2	0.982	0.989	0.995	0.997
R^2 平均值	0.989 5			

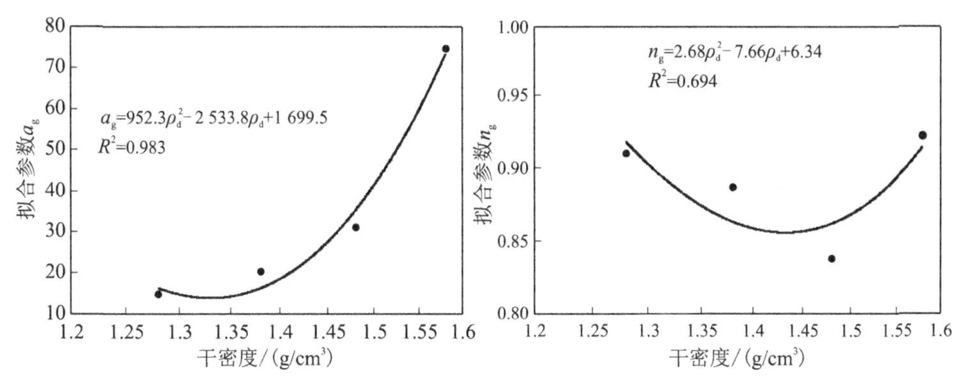

图 3.6 Gardner 模型拟合参数与干密度的关系

(2)VG 模型

VG 模型拟合图如图 3.7 所示,拟合参数如表 3.4 所示,各拟合参数与干密度的关系如图 3.8 所示。

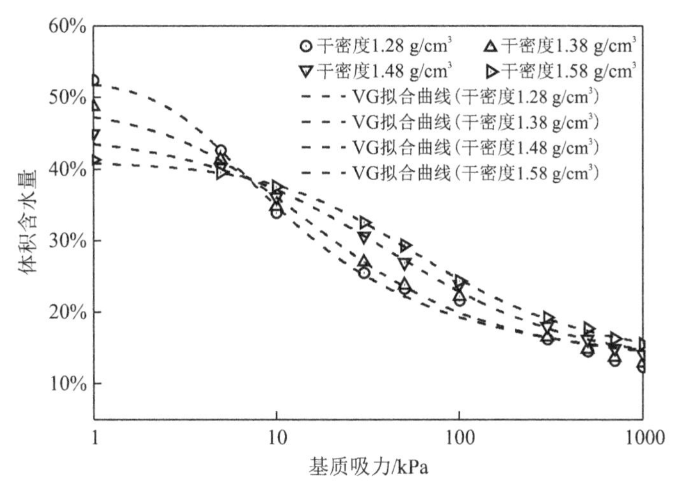

图 3.7 不同干密度 SWCC 曲线 VG 模型拟合图

表 3.4 VG 模型拟合参数及 R^2

参数	干密度/(g/cm³)			
	1.28	1.38	1.48	1.58
a_v	0.281	0.118	0.022	0.030
n_v	2.143	1.179	0.809	1.182
m_v	0.255	0.549	1.110	0.570
R^2	0.985	0.987	0.994	0.999
R^2 平均值	0.991 3			

VG 模型对 4 种干密度试样拟合曲线的平均 R^2 为 0.991 3，参数 a_v 随着干密度的增加先减小后缓增，参数 n_v 随着干密度的增加先减小后增大，参数 m_v 随着干密度的增加先增大后减小。

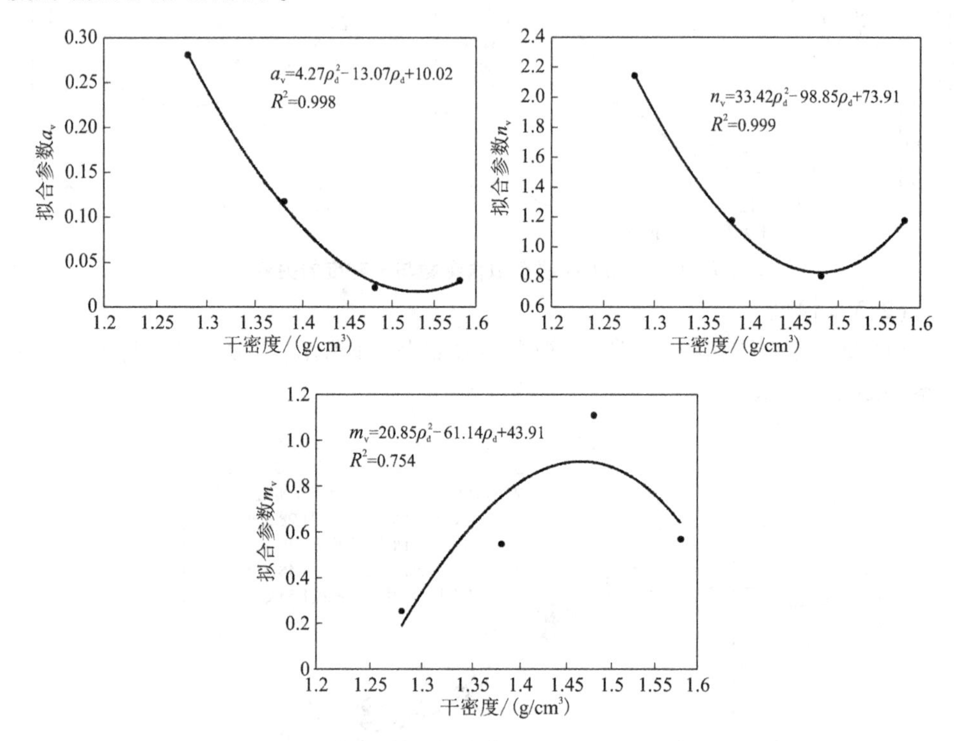

图 3.8　VG 模型拟合参数与干密度的关系

(3) FX 模型

FX 模型拟合图如图 3.9 所示，拟合参数如表 3.5 所示，各拟合参数与干密度的关系如图 3.10 所示。

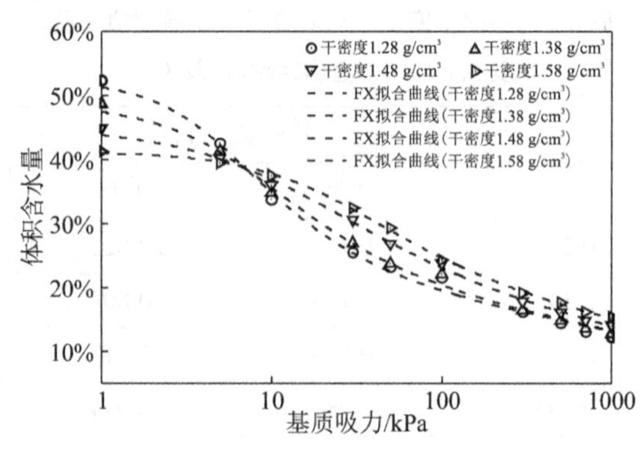

图 3.9　不同干密度 SWCC 曲线 FX 模型拟合图

表 3.5 FX 模型拟合参数及 R^2

参数	干密度(g/cm³)			
	1.28	1.38	1.48	1.58
a_f	3.851	4.935	9.587	17.194
n_f	1.675	1.336	0.978	1.274
m_f	0.570	0.608	0.699	0.542
R^2	0.993	0.994	0.996	0.999
R^2 平均值	0.995 5			

FX 模型对 4 种干密度试样拟合曲线的平均 R^2 为 0.995 5,参数 a_f随干密度的增加逐渐增大,参数 n_f随干密度的增加先减小后增大,参数 m_f随干密度的增加先增大后减小。

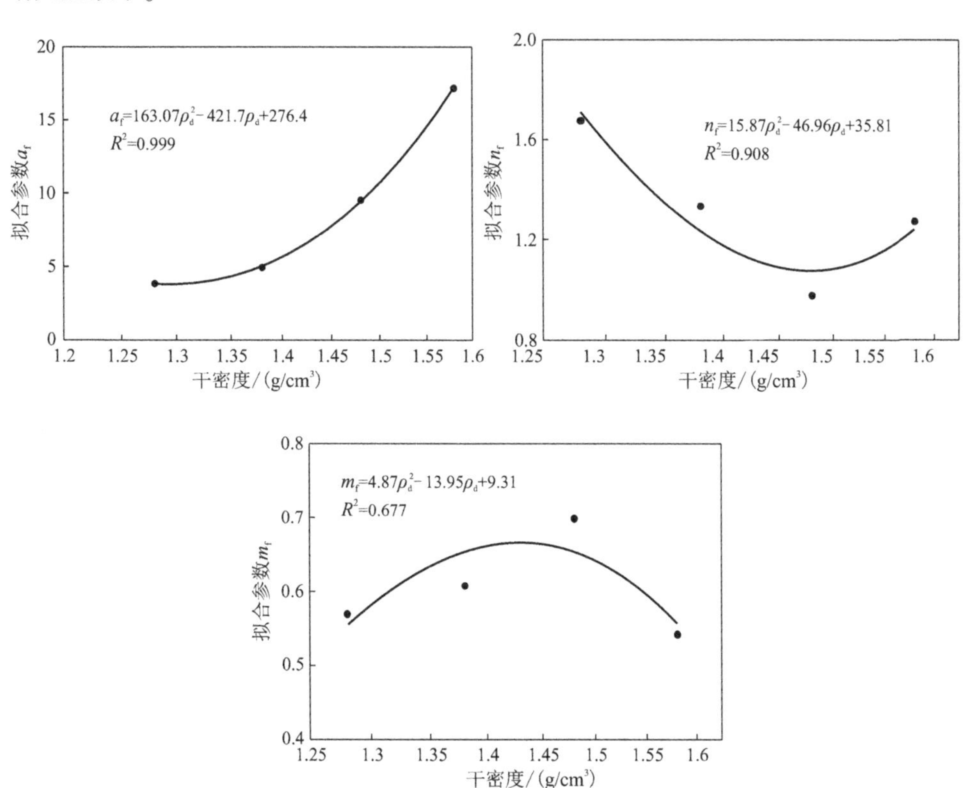

图 3.10 FX 模型拟合参数与干密度的关系

Gardner 模型、VG 模型、FX 模型的平均拟合 R^2 分别为 0.9895、0.9913、0.9955，可见 FX模型对该区域黄土土水特征曲线的拟合效果最好。将图 3.10 中拟合参数与干密度的关系式带入 FX 模型中，能得到简单的拟合参数确定方法，则 FX 模型可改写为式(3.1)。

$$\theta=\theta_s\times\frac{\left[1-\ln\left(\left(1+\psi\right)/\psi_r\right)/\ln\left(\left(1+10^6\right)/\psi_r\right)\right]}{\left\{\ln\left[e+\left(\psi/\left(163.1\rho_d^2-421.7\rho_d^2+276.4\right)\right)^{\left(15.9\rho_d^2-47\rho_d^2+35.8\right)}\right]\right\}^{\left(-4.9\rho_d^2+14\rho_d^2-9.3\right)}} \tag{3.1}$$

3.3 湿陷性黄土增湿变形试验

3.3.1 试验设计

(1)试验仪器

黄土增湿变形试验仪器选用三联固结仪，在透水石和加压上盖之间放置厚度为 12 mm 的定制钢构件，定制钢构件如图 3.11(a)所示。增加定制钢构件的目的是让透水石和加压上盖之间留有缝隙，注射器通过该缝隙对试样增湿，如图 3.11(b)所示。

(a)钢构件实物图

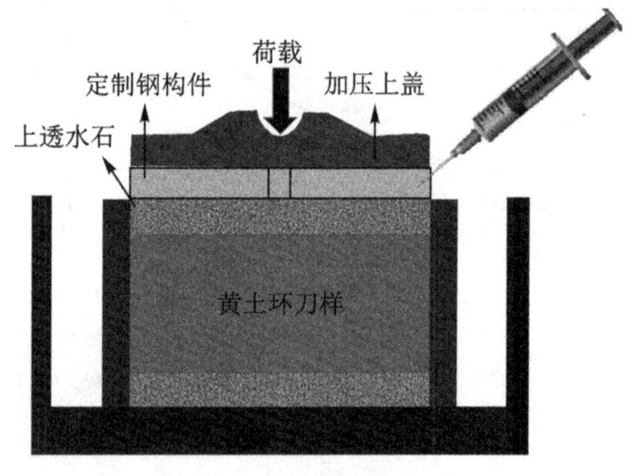

(b) 增湿示意图

图 3.11 定制钢构件实物图及增湿示意图

(2)试验压力和增湿路径

试样干密度设置为 1.38 g/cm^3，试验施加压力设置为 12.5 kPa、25 kPa、50 kPa、100 kPa、150 kPa、200 kPa，共计 6 个试样。

增湿路径按照基质吸力设计，设置基质吸力分别为 350 kPa、250 kPa、200 kPa、150 kPa、100 kPa、80 kPa、60 kPa、40 kPa、20 kPa、10 kPa、5 kPa、0 kPa。在计算基质吸力对应的含水率时，需要先测得试样在压力作用下的变形量，计算压缩后的干密度,然后带入式(3.1)计算每级基质吸力对应的含水率。试验稳定标准为每小时沉降量小于 0.01 mm。

3.3.2　试验步骤

(1)仪器标定:由于增加了构件,需要对仪器进行重新标定,标定与普通试验标定类似,区别是在上透水石和加压上盖中间放置了定制钢构件。

(2)预试验:由于试验过程受蒸发等因素的影响,注入水的质量和土体增加的质量可能不相等,需要先通过预试验确定水分损失量,通过预试验,发现实际注水量需比计算值多 15%左右。

(3)试样安装:将试样放入固结仪中,在上透水石上放置定制钢构件,钢构件上面再放置加压上盖,如图 3.12(a)所示。在固结容器上先包裹保鲜膜,然后在保鲜膜上包裹湿毛巾,如图 3.12(b)、(c)所示。

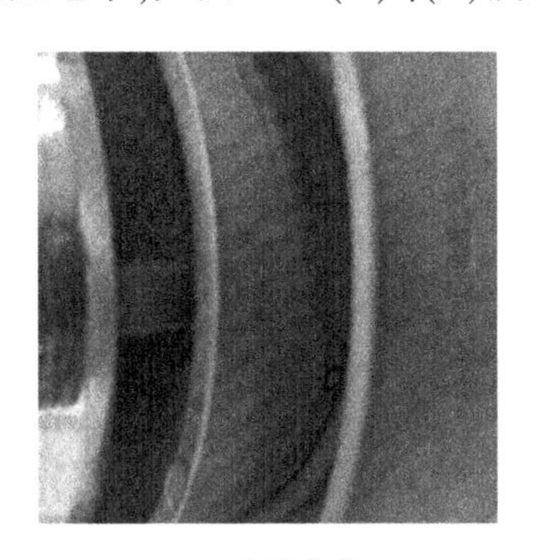

(a)试样安装

(b)包裹保鲜膜

(c)包裹湿毛巾

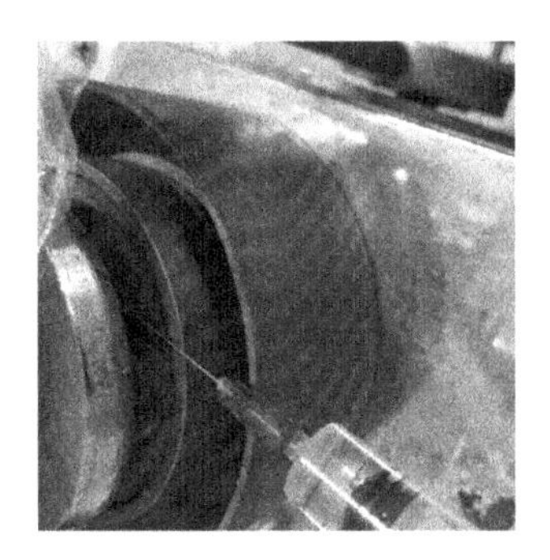

(d)分级注水

图 3.12　增湿试验过程

(4)加压:加压前需要先加 1 kPa 的预载,使仪器各部件充分接触,百分表归零,然后施加预定荷载,荷载较大时需要分级加载,记录百分表读数,直至变形稳定。

(5)计算每级注水量:根据压力作用稳定后的变形量计算干密度,然后将基质吸力代入式(3.1)中计算每级基质吸力对应的土样含水率,再将该计算值乘以 1.15(第 2 步中得到的蒸发等因素的影响量)得到注水量。

(6)分级注水:按照第(5)步得到的注水量,对试样增湿,如图 3.12(d)所示,注水后等待变形稳定,再进行下一级注水。

3.3.3 试验结果

将试验数据绘制为点线图,如图 3.13 所示。可见土体湿陷主要分为三个阶段,在大基质吸力阶段几乎不会产生变形,这是因为此时基质吸力相对较高,土样结构强度较大,模量较高;随着基质吸力的持续减小,在达到临界基质吸力(开始湿陷的基质吸力)后土体结构被破坏,土样开始迅速变形;当土样接近饱和时,随着基质吸力的减小,变形不再发生。

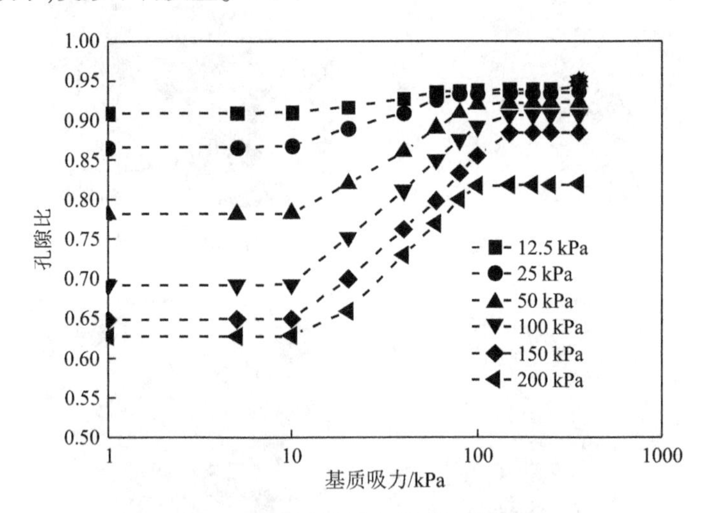

图 3.13　黄土增湿变形试验数据图

压力对临界基质吸力的影响较大,规律为随着压力的增加,临界基质吸力先增加后减小。这是因为湿陷变形是压力和浸水耦合作用的结果,压力较小时土体受到的上覆荷载较小,抵抗入渗而产生变形的能力较强;而当压力超过一定值时,土体仅在压力作用下产生的变形较大,即密度增大,则其抵抗入渗变形的能力也较高。相对于临界基质吸力,湿陷终止基质吸力(停止湿陷时的基质吸力)受压力的影响较小。

3.4 湿陷性黄土增湿变形计算模型

3.4.1 三阶段增湿变形模型

Pereira 等[39]提出的三阶段增湿变形模型,如图 3.14 路径 *ABCD* 所示。前湿陷阶段为高基质吸力段,此阶段变形为小变形,土体结构较为完整;湿陷阶段为黄土整个湿陷过程的主体阶段,此阶段土体结构被破坏,土颗粒重新排列,发生较大变形;而后湿陷阶段土体接近饱和,湿陷基本完成,变形可忽略。

吴爽[168]、Hou 等[169]对三阶段增湿变形模型进行补充,其计算模型如图 3.14 路径 A_1BCD 所示,孔隙比计算如式(3.2)所示,吴爽[168]、Hou 等[169]直接取 ψ_f 为 1 kPa,湿陷指数由式(3.3)计算得到。

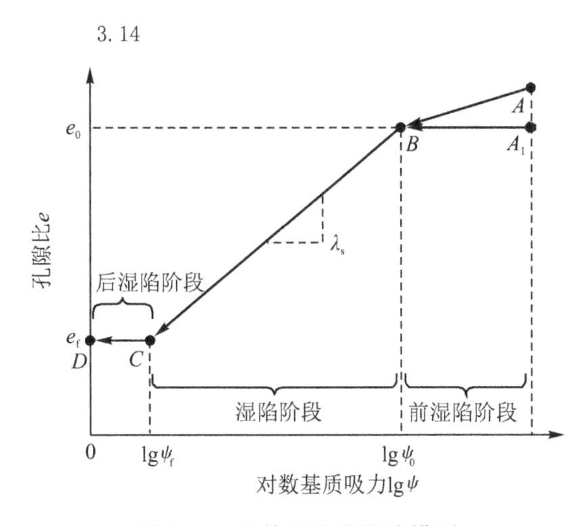

图 3.14 土体三阶段湿陷模型

$$e=\begin{cases} e_0, & \psi \geqslant \psi_0 \\ e_0-\lambda_s \lg\left(\dfrac{\psi_0}{\psi}\right), & \psi_f \leqslant \psi < \psi_0 \\ e_f, & 0 \leqslant \psi < \psi_f \end{cases} \tag{3.2}$$

$$\lambda_s=\frac{e_0-e_f}{\lg \psi_0}=\frac{\delta'(1+e_0)}{\lg \psi_0} \tag{3.3}$$

式中,e 为孔隙比;e_0为初始孔隙比;λ_s为湿陷指数;ψ_0为临界基质吸力;ψ_f为湿陷终止基质吸力;δ'为压力为上覆土重的湿陷系数。

3.4.2 考虑压力影响的三阶段增湿变形模型

本节在吴爽[168]、Hou 等[169]研究的基础上,基于试验数据对临界基质吸力和湿陷终止基质吸力取值进行分析。

由第 3.3.3 节可知,临界基质吸力受压力的影响,且湿陷主要发生在湿陷阶段(即第二阶段),将湿陷阶段试验数据用式(3.4)进行拟合,如图 3.15 所示,然后计算拟合函数与前湿陷阶段和后湿陷阶段延长线的交点,得到各级压力下的临界基质吸力和湿陷终止基质吸力如表 3.6 所示。

$$e=a\lg \psi+b \tag{3.4}$$

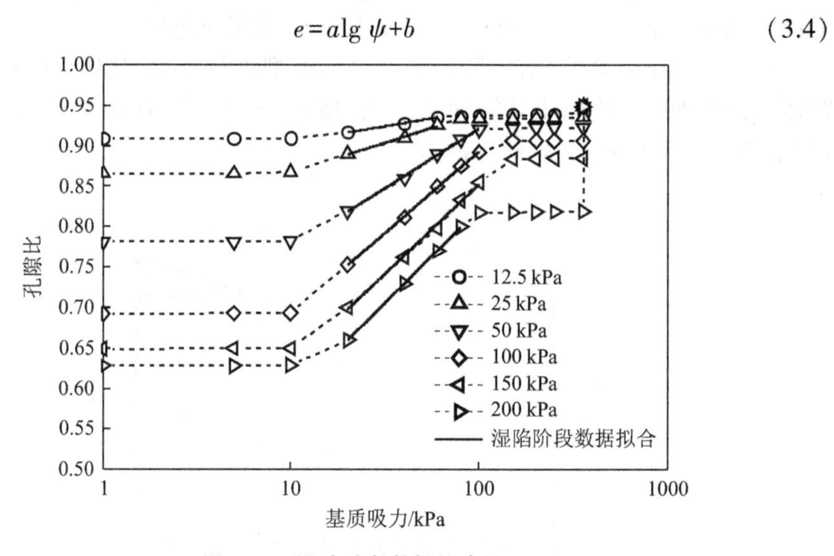

图 3.15 湿陷阶段数据拟合图

表 3.6 不同压力作用下的临界基质吸力和湿陷终止基质吸力 单位:kPa

压力	12.5	25	50	100	150	200
临界基质吸力	73.13	81.15	100.60	115.47	138.25	96.52
湿陷终止基质吸力	13.17	9.53	11.12	10.00	12.01	14.56

将表 3.6 数据绘制成散点图,如图 3.16 所示,可见压力对临界基质吸力的影响较大而对湿陷终止基质吸力的影响较小,对于湿陷终止基质吸力可取其平均值 11.73 kPa。对临界基质吸力和压力数据用二次项进行拟合,如图 3.16(a)所示,拟合式如式(3.5)所示。将湿陷终止基质吸力和临界基质吸力代入三阶段增湿变形模型,可得到考虑压力作用的三阶段增湿变形模型,如式(3.5)、式(3.6)所示,黄土增湿变形量可由式(3.7)计算。

$$\psi_0=-0.004\ 6p^2+1.137p+56.19 \tag{3.5}$$

$$e=\begin{cases} e_0, & \psi \geqslant \psi_0 \\ e_0-\dfrac{\delta'(1+e_0)}{\lg\left(\dfrac{\psi_0}{11.73}\right)}\lg\left(\dfrac{\psi_0}{\psi}\right), & 11.73 \leqslant \psi < \psi_0 \\ e_f, & 0 \leqslant \psi < 11.73 \end{cases} \tag{3.6}$$

$$\Delta=\frac{e_0-e}{1+e_0}h \tag{3.7}$$

式中,Δ 为土体增湿变形量;h 为土体高度。

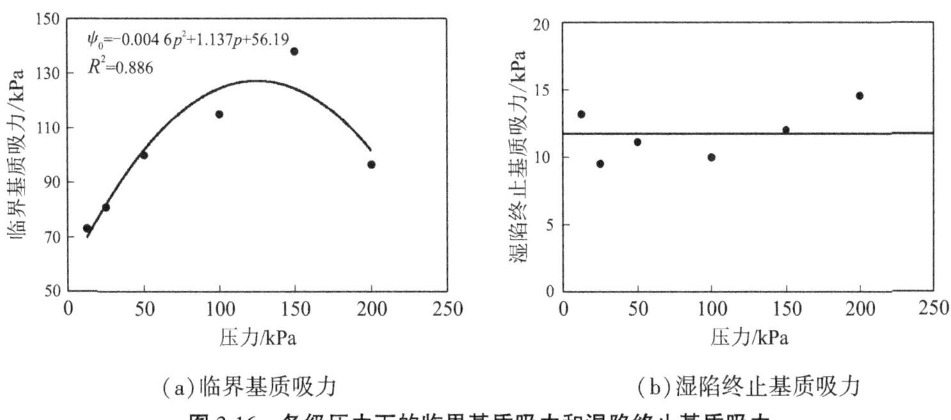

(a)临界基质吸力　　(b)湿陷终止基质吸力

图3.16　各级压力下的临界基质吸力和湿陷终止基质吸力

3.5　本章小结

本章利用压力板仪对不同干密度黄土的土水特征曲线进行测定,并通过在三联固结仪上增加定制钢构件,开展了黄土增湿变形试验,主要结论如下:

(1)干密度对黄土土水特征曲线的影响较大,干密度越大,对应进气值越大,失水速率越小,土水特征曲线越平缓;在基质吸力较小阶段,干密度越小,体积含水量越大,而在基质吸力较大阶段,干密度越小,体积含水量也越小。

(2)分别采用 Gardner 模型、VG 模型、FX 模型对不同干密度黄土的土水特征曲线进行拟合,其中 FX 拟合模型的平均 R^2 最高,为 0.995 5;基于 FX 模型建立了考虑干密度变化的土水特征曲线模型。

(3)黄土增湿变形可分为三个阶段,湿陷主要发生在湿陷阶段;压力对临界基质吸力的影响较大,随着压力的增加,临界基质吸力先增加后减小,而湿陷终止基质吸力(停止湿陷时的基质吸力)受压力的影响较小。

(4)考虑压力对临界基质吸力的影响,对三阶段增湿变形模型进行补充,建立了考虑压力变化的三阶段增湿变形模型。

第4章

湿陷性黄土中混凝土桩的荷载传递法

本章通过开展黄土、黄土-混凝土界面直剪试验,对剪切应力-剪切位移曲线、法向位移-剪切位移曲线、抗剪强度进行分析;对常用的桩侧荷载传递函数和桩端荷载传递函数进行总结,根据黄土-混凝土界面剪切应力-剪切位移曲线,结合 Logistic 模型,提出了适用于黄土-混凝土桩界面的桩侧荷载传递函数,并对参数进行分析;考虑到桩侧黄土沉降、桩土界面抗剪强度随基质吸力的非线性变化,结合提出的新荷载传递函数,利用 MATLAB 编写了适用于湿陷性黄土地区混凝土桩的荷载传递法。

4.1 黄土、黄土-混凝土界面直剪试验

4.1.1 试验仪器与界面设计

(1)试验仪器

仪器采用某公司生产的“液晶微控残余直剪仪”,如图 4.1(a)所示,上下剪切盒均为方形,尺寸为 100 mm×100 mm×25 mm。剪切盒设有反推装置,能够进行循环剪切,剪切速度控制范围为 0.001~2.4 mm/min。该设备拥有配套的数据采集和分析软件,操作界面如图 4.1(b)所示,能够显示和储存实时数据,并对数据进行简单分析。

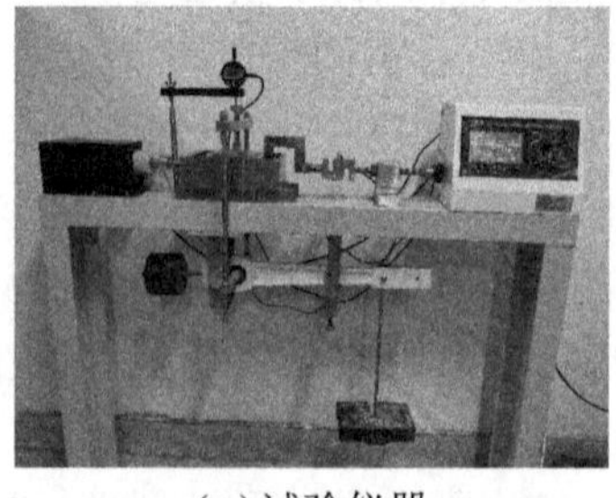

(a)试验仪器

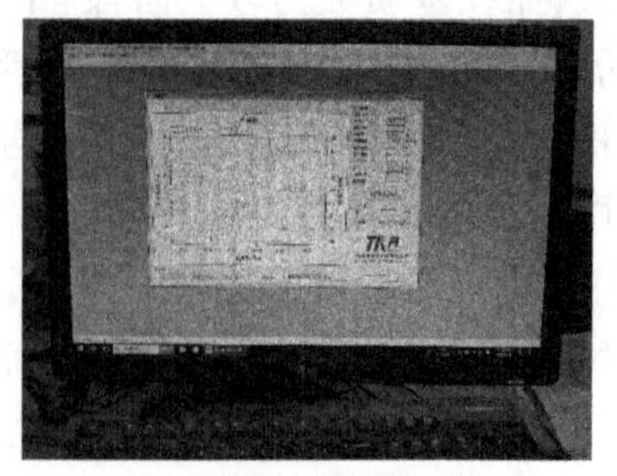

(b)配套软件界面

图 4.1　直剪试验仪器及配套软件界面

(2)黄土-混凝土界面设计

在黄土-混凝土界面直剪试验中,混凝土板设置尺寸为 100 mm×100 mm×25 mm,选用 C30 混凝土。结构面粗糙度对界面剪切性能影响很大,结构面粗糙度定义方法一般有灌砂法、硅粉堆落法、触针法和分形分维法等。其中灌砂法最为简单和常用,灌砂法定义粗糙度如下:

$$R = V/A \tag{4.1}$$

式中,R 为粗糙度;V 为灌砂的体积;A 为结构面灌砂后平整面积。

王涛[170]通过分析桩和板的关系,给出了桩的灌砂法粗糙度计算公式,如式(4.2)所示,并将桩径为 800 mm 的灌注桩沿长度方向分成 n 段,依据孔径检测曲线计算每段的粗糙度 R,发现出现频率最高的粗糙度约为 30 mm。本书后期模型试验桩径约为 50 mm,参考该案例桩径整体变化情况,粗糙度 R 假定为 1.88 mm。

$$R = r_{\max} - r_{\min} - \Delta\bar{r} \tag{4.2}$$

式中,$r_{\max}$为最大桩径;$r_{\min}$为最小桩径;$\Delta\bar{r}$ 为径向凸出平均值。

梯形凹槽可以较好地模拟桩土界面,故本书选用带有梯形凹槽的混凝土板来开展黄土-混凝土界面剪切试验,混凝土板如图 4.2 所示,采用人工切割打磨方式制作,最终利用灌砂法测定其粗糙度 R 为 1.93 mm。

图 4.2 黄土-混凝土界面设计

4.1.2 试验设计

直剪试验总的分为黄土直剪、黄土-混凝土界面直剪,变量为黄土基质吸力和法向应力。试验黄土干密度为 1.38 g/cm^3,试验施加法向应力分别为 25 kPa、50 kPa、100 kPa、200 kPa。基质吸力计划设置为 600 kPa、300 kPa、100 kPa、50 kPa、10 kPa、0 kPa,按照基质吸力配置含水率,并根据实际配置的含水率计算实际基质吸力为 612 kPa、244 kPa、87.7 kPa、47.7 kPa、9.8 kPa、0 kPa。

非饱和土、非饱和土-混凝土界面剪切速率取 0.8 mm/min,饱和土、饱和土-混凝土界面剪切速率取 0.1 mm/min,试验方案见表 4.1,共计 48 组试验。

表 4.1 黄土、黄土-混凝土界面直剪试验

试验类型	剪切面	黄土干密度 /(g/cm^3)	黄土基质吸力 /kPa	法向应力 /kPa	剪切速率
黄土直剪试验	黄土-黄土	1.38	0、9.8、47.7、87.7、244、612	25、50、100、200	非饱和土 0.8 mm/min,饱和土 0.1 mm/min
黄土-混凝土界面直剪试验	黄土-混凝土				

4.1.3 试验步骤

(1)试样制作:重塑黄土的制备过程与 2.1.2 节步骤一致,然后利用压样法制样。

(2)仪器标定:分别对剪切应力传感器和剪切位移传感器进行标定,得到对应参数。

(3)试样安装:先将下剪切盒复位,拧紧销钉,安装试样,安放竖向百分表,施加预压,百分表数值归零。

(4)软件设置:在软件中创建新项目,设置土样参数和法向应力。

(5)加压:按照试验法向应力施加压力,压力较大时需要分级加压,加压后等待变形稳定。

(6)剪切:在变形稳定后,拔掉销钉,在软件中输入剪切速率,点击“开始剪切”,剪切完成时点击“停止剪切”。

4.2 黄土直剪结果分析

4.2.1 黄土剪切应力-剪切位移曲线

黄土剪切应力-剪切位移曲线如图 4.3 所示,可见剪切应力随剪切位移的增加呈非线性增加,随着法向应力的增加,剪切峰值强度及对应位移均增加,且应变硬化特征逐渐增强。

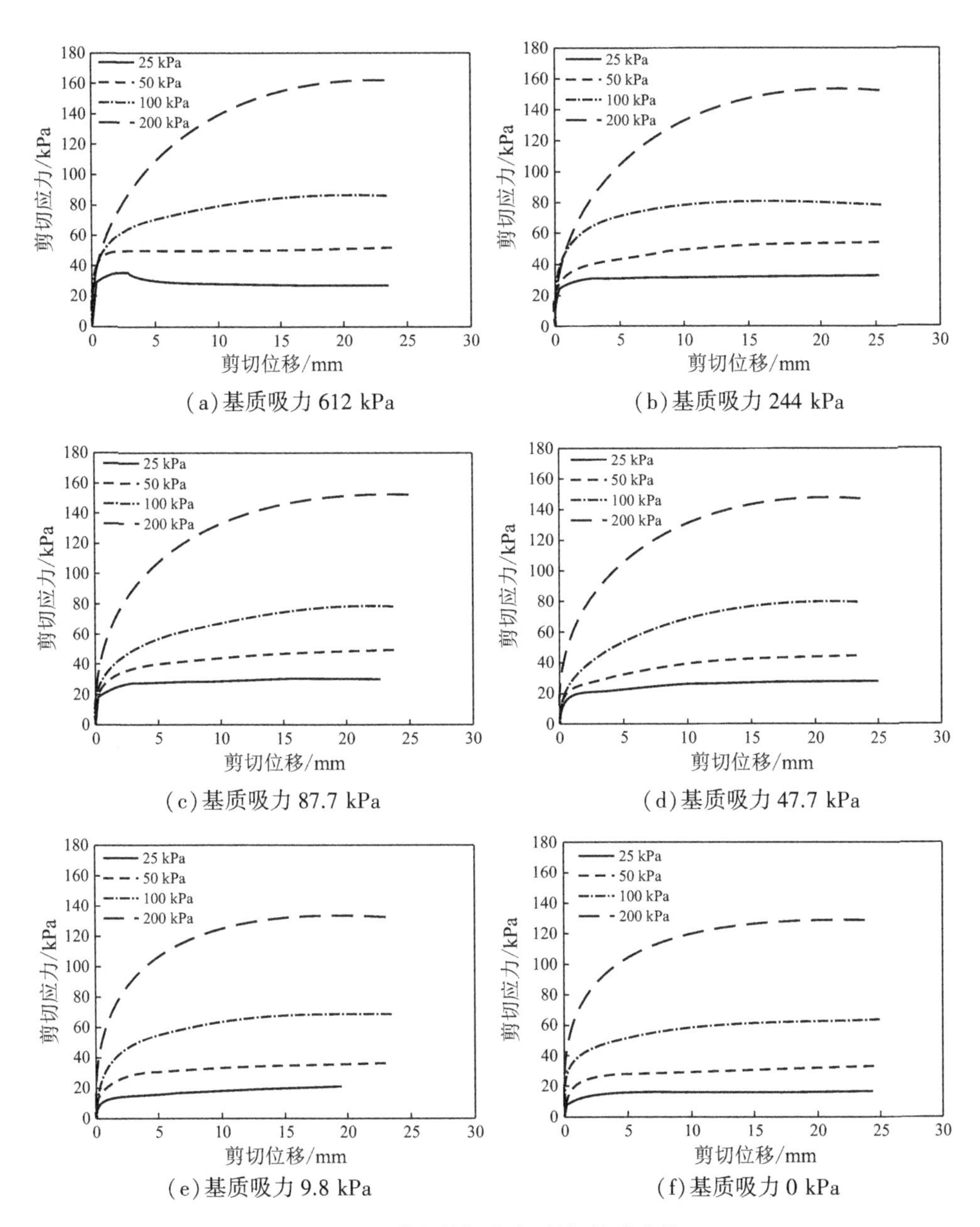

(a)基质吸力 612 kPa　(b)基质吸力 244 kPa

(c)基质吸力 87.7 kPa　(d)基质吸力 47.7 kPa

(e)基质吸力 9.8 kPa　(f)基质吸力 0 kPa

图 4.3　黄土剪切应力-剪切位移曲线

4.2.2　黄土法向位移-剪切位移曲线

黄土法向位移-剪切位移曲线如图 4.4 所示,基质吸力较高(含水率较小)、法向应力较小的试样,在剪切过程中出现剪胀现象,而基质吸力较低、法向应力较大的试样,在剪切过程中出现剪缩现象。这是由于在土样基质吸力较高时,剪切过程中土体中颗粒发生滚动,再加上法向应力较小,不足以抵抗土体的膨胀而发生剪胀。典型剪胀、剪缩试样如图 4.5 所示。

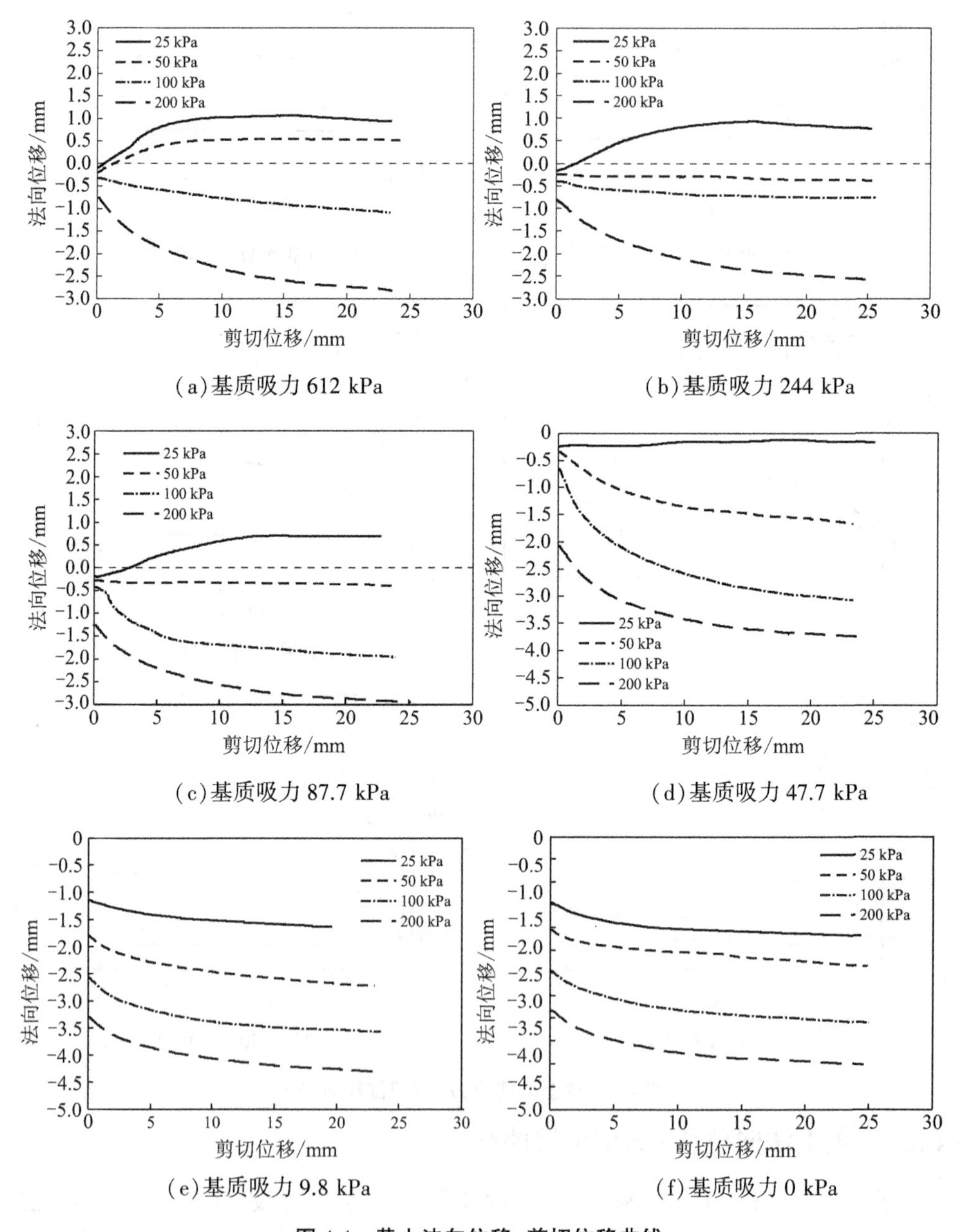

(a)基质吸力 612 kPa　(b)基质吸力 244 kPa

(c)基质吸力 87.7 kPa　(d)基质吸力 47.7 kPa

(e)基质吸力 9.8 kPa　(f)基质吸力 0 kPa

图 4.4　黄土法向位移-剪切位移曲线

(a)剪胀试样

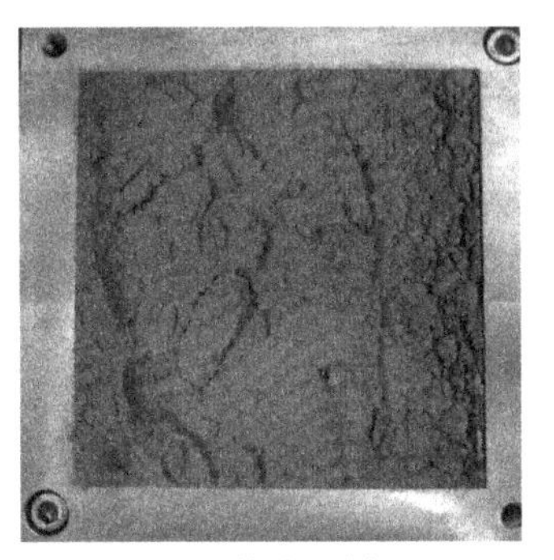
(b)剪缩试样

图 4.5　黄土剪胀和剪缩试样

4.2.3　黄土抗剪强度

黄土各级法向应力和基质吸力对应的抗剪强度如表 4.2 所示。在第 1.2.3 节中,对土、土-结构物界面抗剪强度公式进行了总结,其中 Vanapalli 考虑到非饱和土强度随基质吸力变化的非线性,对非饱和土双应力变量强度公式进行了扩展,如式(4.3)、式(4.5)所示,示意图如图 4.6 所示,参数意义见第 1.2.3 节中表 1.2。

表 4.2　黄土抗剪强度　　单位:kPa

法向应力	抗剪强度					
	基质吸力 612	基质吸力 244	基质吸力 87.7	基质吸力 47.7	基质吸力 9.8	基质吸力 0
25	35.7	33.2	30.5	28.9	20.9	17.2
50	51.9	51.3	49.5	44.9	36.4	33.2
100	86.4	82.1	81.1	79.9	69.3	64.5
200	162.1	154.5	152.5	149.6	134.5	129.1

$$\tau_f = c' + (\sigma - u_a)_f \tan\varphi' + (u_a - u_w)_f \tan\varphi' \left(\frac{\theta - \theta_r}{\theta_s - \theta_r}\right) \tag{4.3}$$

若令

$$c'' = c' + (u_a - u_w)_f \tan\varphi' + \left(\frac{\theta - \theta_r}{\theta_s - \theta_r}\right) \tag{4.4}$$

则

$$\tau_f = c'' + (\sigma - u_a)_f \tan\varphi' \tag{4.5}$$

利用式(4.5)对表 4.2 数据进行拟合,如图 4.7(a)所示,可得到抗剪强度参数,如表 4.3 所示。基质吸力为 0 kPa 时,c''为 1.08 kPa,即 c'为 1.08 kPa;φ'平均值为 34.2°。然后再将数据用式(4.3)进行拟合,拟合如图 4.7(b)所示,可见 Vanapalli

非饱和土抗剪强度模型对黄土的适用性较为理想。

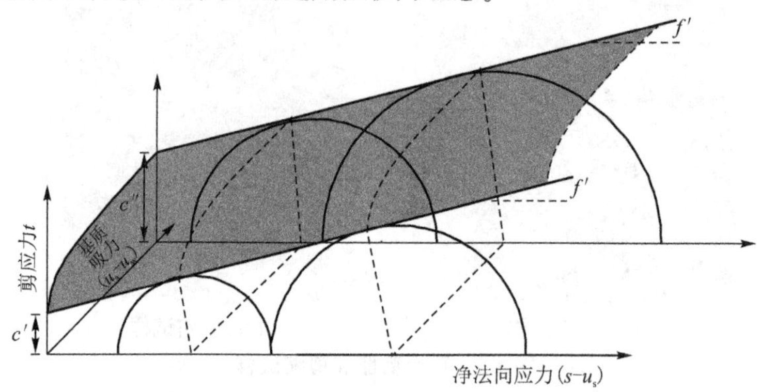

图 4.6　Vanapalli 非饱和土强度公式模型

表 4.3　黄土抗剪强度参数

基质吸力/kPa	612	244	87.7	47.7	9.8	0
c''/kPa	16	15.57	13.46	10.9	4.26	1.08
φ'/(°)	35.96	34.61	34.37	34.7	33.06	32.59

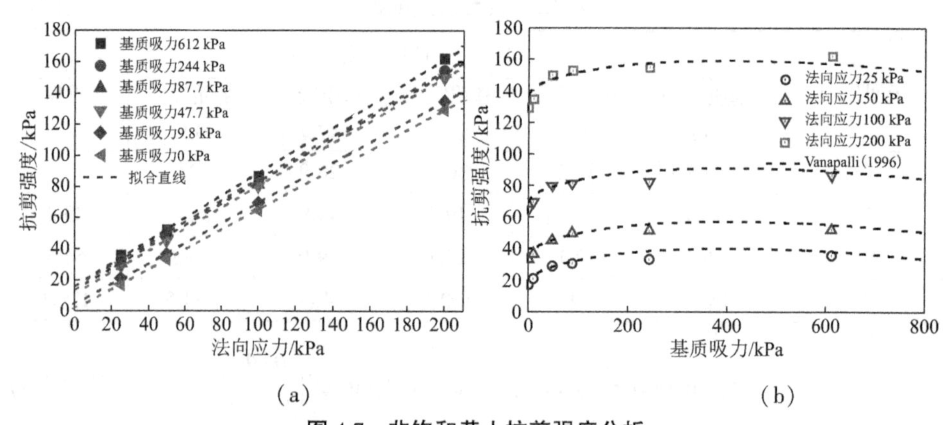

图 4.7　非饱和黄土抗剪强度分析

4.3　黄土-混凝土界面直剪结果分析

4.3.1　界面剪切应力-剪切位移曲线

黄土-混凝土界面剪切应力-剪切位移曲线如图 4.8 所示，可见界面剪切应力-剪切位移曲线变化规律与图 4.3 所示黄土直剪试验规律一致。

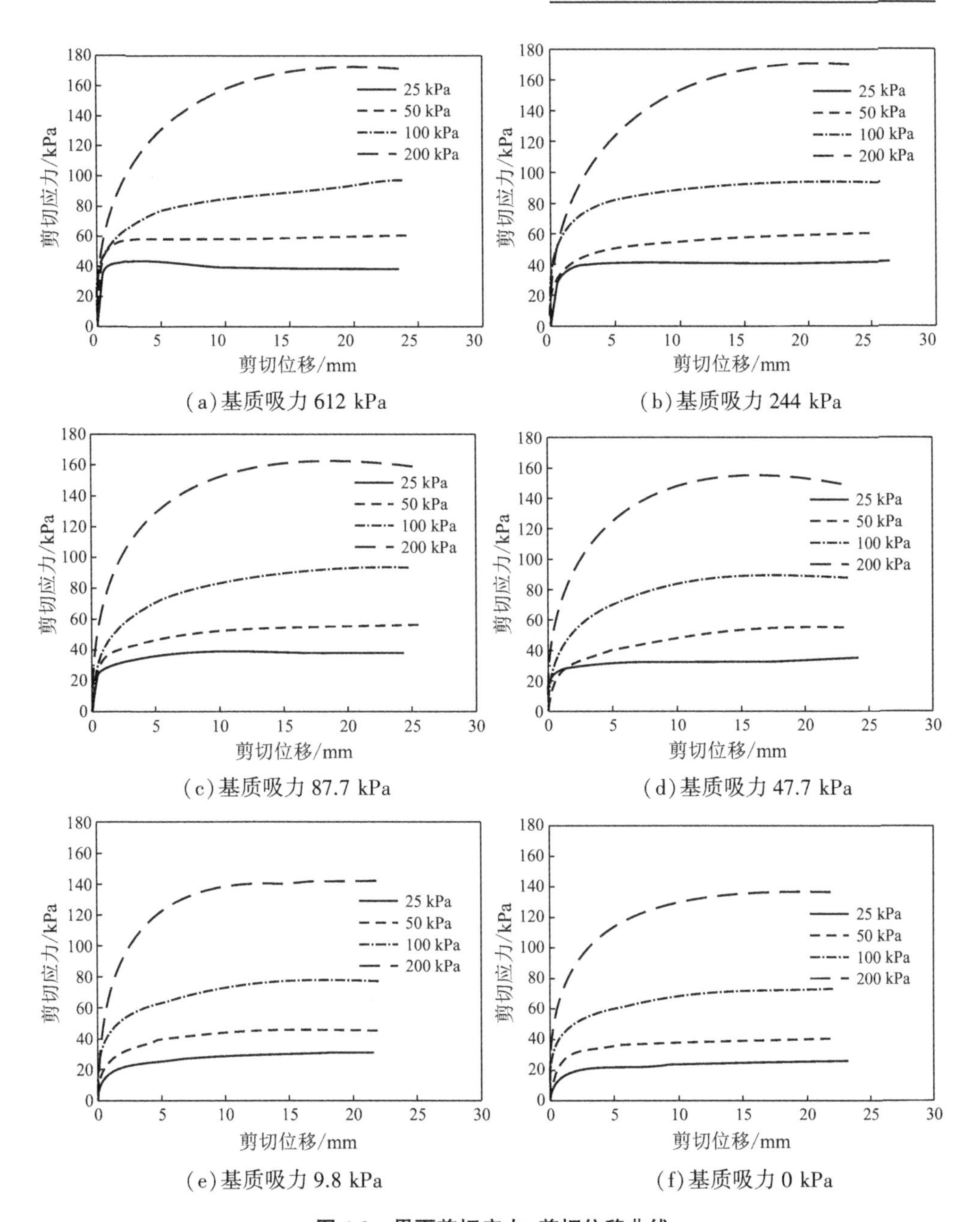

(a)基质吸力 612 kPa

(b)基质吸力 244 kPa

(c)基质吸力 87.7 kPa

(d)基质吸力 47.7 kPa

(e)基质吸力 9.8 kPa

(f)基质吸力 0 kPa

图 4.8 界面剪切应力-剪切位移曲线

4.3.2 界面法向位移-剪切位移曲线

界面法向位移-剪切位移曲线如图 4.9 所示,与黄土直剪规律类似。典型剪胀、剪缩试样如图 4.10 所示。

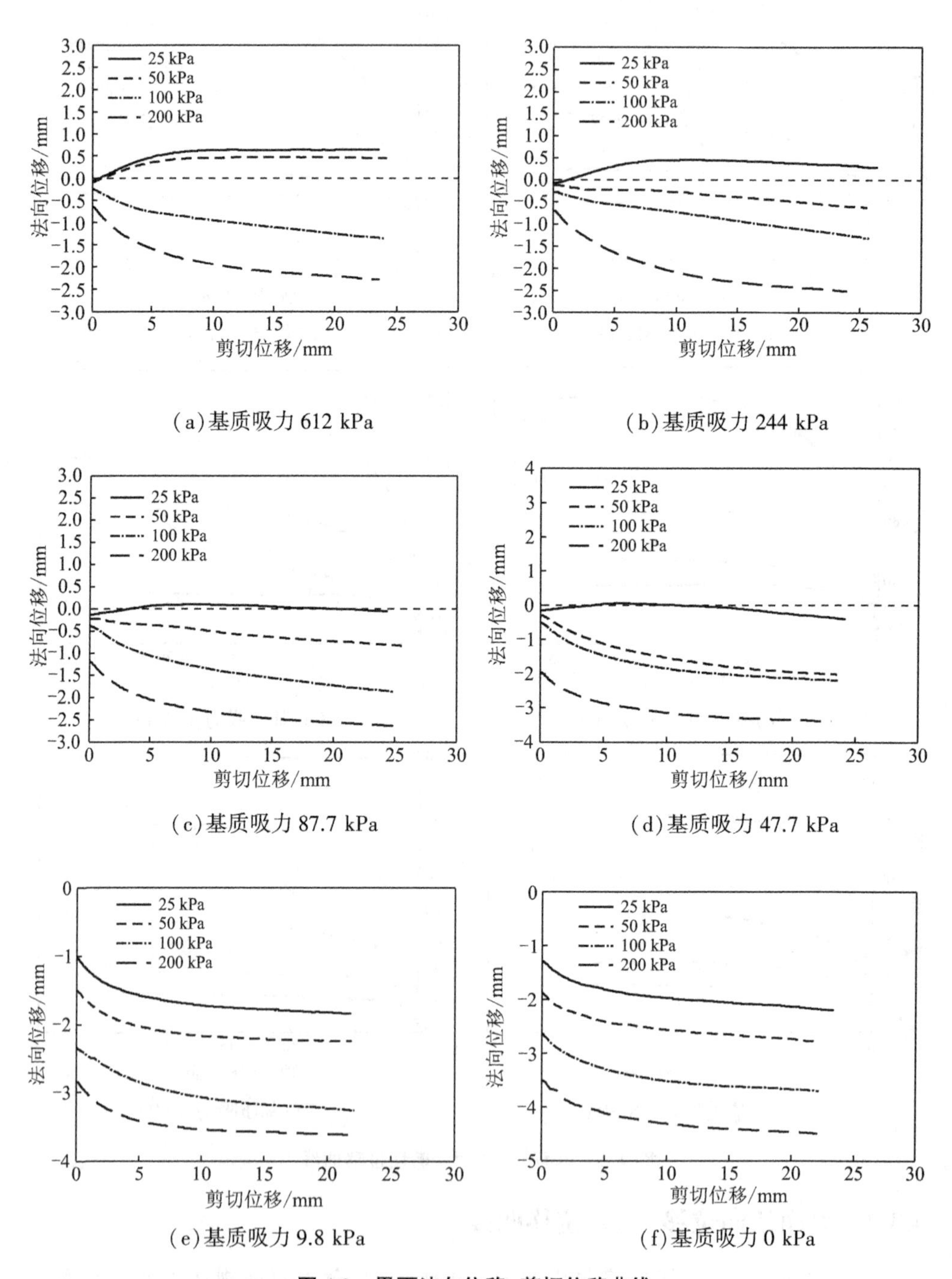

(a)基质吸力 612 kPa

(b)基质吸力 244 kPa

(c)基质吸力 87.7 kPa

(d)基质吸力 47.7 kPa

(e)基质吸力 9.8 kPa

(f)基质吸力 0 kPa

图 4.9　界面法向位移-剪切位移曲线

(a)剪胀试样

(b)剪缩试样

图 4.10　界面剪胀和剪缩试样

4.3.3　界面抗剪强度

黄土-混凝土界面在各级法向应力和基质吸力作用下的抗剪强度如表 4.4 所示。在 1.2.3 节中对土体、土体-结构物界面抗剪强度公式进行了总结,其中 Hamid 将 Vanapalli 非饱和土抗剪强度公式推广到土-结构物界面,如式(4.6)所示,各参数意义见 1.2.3 节中表 1.2。

表 4.4　黄土-混凝土界面抗剪强度　　单位:kPa

法向应力	抗剪强度					
	基质吸力 612	基质吸力 244	基质吸力 87.7	基质吸力 47.7	基质吸力 9.8	基质吸力 0
25	43.1	41.8	39.2	35.1	31.3	26.8
50	60.3	60.2	56.9	55.4	45.4	41.4
100	97.3	93.3	93.6	89.8	77.4	73.3
200	172.2	170.5	162.4	153.2	142.5	136.4

$$\tau_{\mathrm{f}}=c_{\mathrm{a}}'+(\sigma-u_{\mathrm{a}})\tan\delta'+(u_{\mathrm{a}}-u_{\mathrm{w}})\tan\delta'\left(\frac{\theta-\theta_{\mathrm{r}}}{\theta_{\mathrm{s}}-\theta_{\mathrm{r}}}\right)\tag{4.6}$$

若令

$$c_{\mathrm{a}}''=c_{\mathrm{a}}'+(u_{\mathrm{a}}-u_{\mathrm{w}})\tan\delta'\left(\frac{\theta-\theta_{\mathrm{r}}}{\theta_{\mathrm{s}}-\theta_{\mathrm{r}}}\right)\tag{4.7}$$

则

$$\tau_{\mathrm{f}}=c_{\mathrm{a}}''+(\sigma-u_{\mathrm{a}})\tan\delta'\tag{4.8}$$

利用式(4.8)对试验数据进行拟合,如图 4.11(a)所示,可得到抗剪强度参数,如表 4.5 所示。基质吸力为 0 kPa 时,c_{a}''为 10.53 kPa,即 c_{a}'为 10.53 kPa;δ'平均

值为 34.4°。将试验数据用式(4.6)进行拟合,拟合如图 4.11(b)所示。

表 4.5 黄土-混凝土界面抗剪强度参数

基质吸力/kPa	612	244	87.7	47.7	9.8	0
c_a''/kPa	23.81	22.62	21.99	20.75	14.22	10.53
δ'/(°)	36.51	36.28	35.16	33.74	32.59	32.16

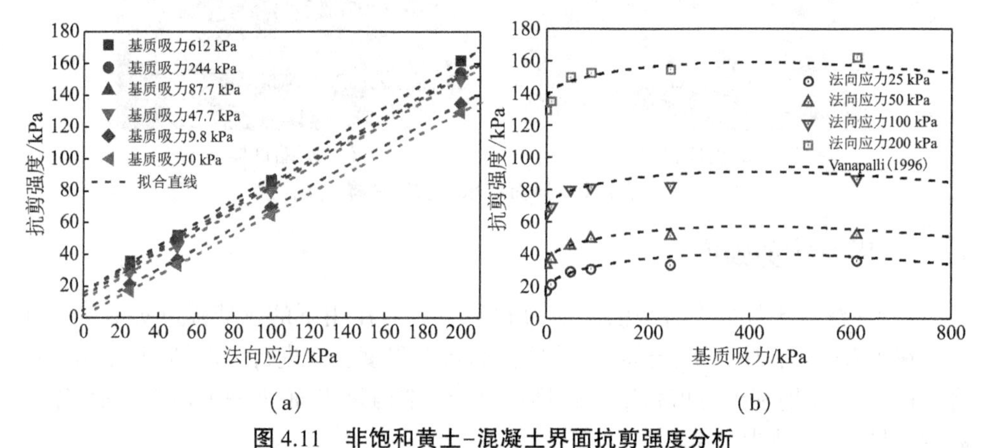

图 4.11 非饱和黄土-混凝土界面抗剪强度分析

4.4 适用于湿陷性黄土地区混凝土桩的荷载传递法

4.4.1 荷载传递法与荷载传递函数

桩基承载力确定方法主要有荷载传递法、剪切位移法、弹性理论法、数值分析法、分层总和法、经验法,各方法核心理念及优缺点总结于表 4.6 中。其中,荷载传递法构造简单,概念明确,适应性强,准确性高,自提出以来就得到了广泛的研究和应用。

荷载传递法最初由 Seed 等在 1955 年提出,可以简明地反映桩、桩-土界面应力位移关系,经过数十年的研究,运用荷载传递法计算桩基承载性能已被广泛接受。荷载传递法的基本原理是把桩划分为若干微元,桩微元与桩侧土体、桩端与桩端土之间均通过非线性弹簧连接。非线性弹簧的应力-应变关系在桩侧表现为桩侧摩阻力 $\tau(z)$ 与桩土相对位移 $S(z)$ 之间的关系,在桩端表现为桩端抗力 q_b 与桩端沉降 S_b 之间的关系,这种关系一般被称为荷载传递函数。荷载传递法基本微分方程如式(4.9)所示。

$$\frac{\mathrm{d}^2S(z)}{\mathrm{d}^2z}=\frac{U}{A_PE_P}\tau(z) \tag{4.9}$$

式中，z 为深度；$S(z)$ 为给定深度 z 处的桩土相对位移；U 为桩的截面周长；A_p 为桩的截面面积；E_p 为桩的弹性模量；$\tau(z)$ 为给定深度 z 处的桩土界面剪切应力。

表 4.6 单桩承载性能确定方法

方法	核心理念	优点	缺点
荷载传递法	将桩体划分为若干桩微元，假定桩微元与桩侧土体、桩端与桩端土之间均采用非线性弹簧连接，通过选取合适的荷载传递函数计算桩土体系的应力和位移	考虑桩土间荷载传递的非线性；计算简单便于实际应用	未能考虑桩侧土体的连续性；荷载传递函数的选择不明确
剪切位移法	桩周土体主要承受剪切变形，将桩土假定为理想同心圆柱体，根据剪力传递计算土体沉降，进而计算桩土体系的应力和位移	概念简单明确，便于工程应用；通过叠加可以用于群桩计算	未考虑桩土相对位移、桩端刺入、桩侧上下土层的相互作用
弹性理论法	根据集中荷载作用下的弹性半无限体 Mindlin 解确定土体的位移，再根据桩土位移协调方程得到桩体应力和位移	概念清晰，理论体系较完善；考虑了土体的连续性；简单推广后能进行群桩计算	未考虑土体的非线性和成层性；仅用泊松比和弹性模量来描述土体性质
数值分析法	基于计算机软件利用有限元法、离散元法、有限条分法等方法建立桩土体系模型，进而求解桩土体系应力和位移等	能够考虑土体的非线性、流固耦合、动力特性等；适用范围广，根据工程可以选取不同的本构模型	建模过程较复杂，学习成本较高；参数不易确定，参数对结果的影响关系不明显
分层总和法	假定桩的沉降主要是桩端以下土体的压缩变形，通过等效为扩展基础进而利用分层总和法计算桩沉降	计算简单便于推广，如《建筑地基基础设计规范》	方法相对粗糙，计算精度和适用性相对较低
经验法或简化法	根据工程统计方法得到某特定地质条件下的桩沉降与桩径、荷载等的关系	对该地区桩基工程起到低成本的指导作用	局限性过大，难以普遍推广

荷载传递法的关键是选取合适的荷载传递函数。桩侧荷载传递函数主要有指数模型、理想弹塑性模型、双曲线模型、抛物线模型、双折线模型、三折线模型等。桩端荷载传递函数主要有理想弹塑性模型、单线性模型、双线性模型、三折线模型、双曲线模型等。桩侧和桩端荷载传递函数分别总结于表 4.7 和表 4.8 中。

表 4.7 桩侧荷载传递函数总结

学者	公式	备注
Kezdi	$\tau(z)=K\gamma z\tan\varphi\left[1-\exp\left(\frac{-kS(z)}{S_u-S(z)}\right)\right]$	指数模型
佐腾悟	$\tau(z)=\begin{cases}\lambda S(z), & S(z)\leqslant S_u\\ \tau_u, & S(z)>S_u\end{cases}$	理想弹塑性模型
Seed	$\tau(z)=\frac{S(z)}{a_1+b_1S(z)}$	双曲线模型
Vijayvergiya	$\tau(z)=\tau_u\left[2\sqrt{\frac{S(z)}{S_u}}-\frac{S(z)}{S_u}\right]$	抛物线模型
陈竹昌	$\tau(z)=\tau_u\left[\frac{S(z)}{S_u}\right]^{0.5}$	
李作勤	$\tau(z)=\begin{cases}\lambda_1S(z), & S(z)\leqslant S_1\\ \tau_1+\lambda_2S(z), & S(z)>S_1\end{cases}$	双折线模型
徐和	$\tau(z)=\frac{\tau_u}{0.65+0.35\frac{S_u}{S(z)}}$	
何思明	$\tau(z)=\frac{\tau_u}{(1+\zeta)+\zeta\frac{S_u}{S(z)}}$	
赵明华	$\tau(z)=\begin{cases}\lambda_1'S(z), & S(z)\leqslant S_1'\\ \tau_1'+\lambda_2'[S(z)-S_1'], & S_1'<S(z)\leqslant S_2'\\ \tau_2', & S(z)>S_2'\end{cases}$	统一三折线模型
余闯	$\tau(z)=a_2S(z)\exp[-b_2S(z)]$	一种软化模型
辛公锋	$\tau(z)=\frac{S(z)[a_3+c_3S(z)]}{[a_3+b_3S(z)]^2}$	广义双曲线模型
王传文	$\tau(z)=\tau_u\left[(n+1)\left(\frac{S(z)}{S_u}\right)^{\frac{n}{n+1}}-n\frac{S(z)}{S_u}\right]$	广义荷载传递函数

注:$\tau(z)$为桩侧摩阻力;K为土体侧压力系数;γ为土体重度;z为土层深度;φ为土体内摩擦角;k为与土体相关的系数;$S(z)$为桩土相对位移;S_u为桩侧摩阻力充分发挥时的临界桩土位移;λ为土体剪切变形系数;τ_u为桩侧最大侧摩阻力;a_1、b_1为荷载传递参数,其意义分别为桩土初始剪切劲度系数的倒数和相对位移趋向无穷大时对应侧摩阻力的倒数;G_{si}为土体在小应变时的剪切模量;$\psi=R_f\tau(z)/\tau_u$,R_f为应力-应变曲线拟合常数,取值范围(0.9,1.0);r_0为桩身半径;r_m为桩影响区半径;λ_1为双线型模型荷载传递系数;S_1为第一段终端桩土相对位移;ζ为与土体相关的参数;a_2、b_2为模型参数;a_3、b_3、c_3为模型参数;τ_r为软化稳定后桩侧摩阻力;λ_2为桩土相对位移大于S_1时的荷载传递系数;λ_1',S_1'分别为弹性阶段桩侧阻力传递系数及其相应位移;λ_2',S_2'分别为软化阶段桩侧阻力传递系数;τ_1'为弹性阶段桩侧摩阻力;τ_2'为软化阶段桩侧摩阻力;n为拟合参数,当n取不同值时可以转化为已有模型。

表 4.8 桩端荷载传递函数总结

学者	公式	备注
佐腾悟	$q_b=q_{bu}\left(\dfrac{S_b}{S_{bu}}\right)$	理想弹塑性模型
陈竹昌	$q_b=q_{bu}\left(\dfrac{S_b}{S_{bu}}\right)^{\frac{1}{2}}$	
Chow	$S_b=\dfrac{P_b(1-v)}{4G_br_0\left(1-\dfrac{P_bR_t}{P_{bu}}\right)}$	双曲线模型
徐和	$q_b=q_{bu}\dfrac{1}{0.6+0.4\left(\dfrac{S_b}{S_{bu}}\right)}$	
何思明	$q_b=\dfrac{q_{bu}}{(1-\zeta_b)+\zeta_b\dfrac{S_{bu}}{S_b}}$	
Delpak	$S_b=\dfrac{\eta_bP_b(1-v^2)}{DE_b}$	单线性模型
Zhang	$q_b=\begin{cases}k_{b1}S_b, & S_b<S_{b1}\\ k_{b1}S_{b1}+k_{b2}(S_b-S_{b1}), & S_b\geqslant S_{b1}\end{cases}$	双线性模型
罗红星	$q_b=\begin{cases}k'_{b1}S_b, & S_b\leqslant S'_{b1}\\ k'_{b1}S'_{b1}+k'_{b2}(S_b-S'_{b1}), & S'_{b1}<S_b\leqslant S'_{b2}\\ \gamma_bk'_{b1}S'_{b1}+k'_{b3}(S'_b-S'_{b2}), & S'_{b2}<S_b\end{cases}$	三折线模型

注:q_b 为桩端单位面积阻力;q_{bu} 为桩端单位面积极限阻力;S_b 为桩端位移;S_{bu} 为桩端单位面积阻力达到极限时的桩端位移;P_b 为桩端阻力;ζ_b 为与土体相关的参数;P_{bu} 为桩端单位面积极限阻力;η_b 为考虑桩端深度效应的折减系数;v 为桩端土泊松比;D 为桩身直径;E_b 为桩端土体弹性模量;k_{b1}、k_{b2} 分别为第一阶段和第二阶段桩端土抗压刚度;S_{b1} 为第一阶段极限桩端阻力对应的桩端位移;k'_{b1}、k'_{b2}、k'_{b3} 分别为第一阶段、第二阶段、第三阶段桩端土抗压刚度;S'_{b1}、S'_{b2} 为第一阶段、第二阶段极限桩端阻力对应的桩端位移;γ_b 为端阻硬化或软化强度系数;R_t 为双曲线拟合参数。

4.4.2 黄土-混凝土桩荷载传递函数的提出

(1)荷载传递函数公式

Logistic 模型是由 Pierre-Francois Verhulst 提出的最早用于研究人口增长的数学模型,目前该模型在工程学、管理学、经济学、生物医学等领域广泛应用。本节对

Logistic 模型进行变形，如式(4.10)所示，用来研究黄土-混凝土桩界面剪切应力-剪切位移曲线。

$$\tau(z)=\frac{a}{1+e^{-bS(z)}}-\frac{a}{2} \tag{4.10}$$

式中，a、b 为拟合参数；e 为自然常数。

易知当 $S(z)=0$ 时，$\tau(z)=0$；当 $S(z)\to+\infty$ 时，$\tau(z)\to\tau_u=0.5a$。对式(4.10)求一阶导数如式(4.11)所示，可知当 $S(z)=0$ 时，$\tau(z)'=ab/4$；当 $S(z)\to+\infty$ 时，$\tau(z)'\to0$，即初始增长速率为 $ab/4$，随着剪切位移的增长，速率逐渐减小，并趋于零。

$$\tau(z)'=\frac{ab}{(1+e^{-bS(z)})^2}e^{-bS(z)} \tag{4.11}$$

(2)参数分析

对式(4.10)的参数进行分析，如图 4.12 所示。由图 4.12(a)可见，在保持参数 b 不变的情况下，随着参数 a 的增加，极限剪切应力增加，即参数 a 决定极限剪切应力；由图 4.12(b)可见，在保持参数 a 不变的情况下，随着参数 b 的增加，剪切应力-剪切位移曲线逐渐向左偏移，并且达到极限剪切应力的位移越小，即参数 b 主要改变曲线形状。

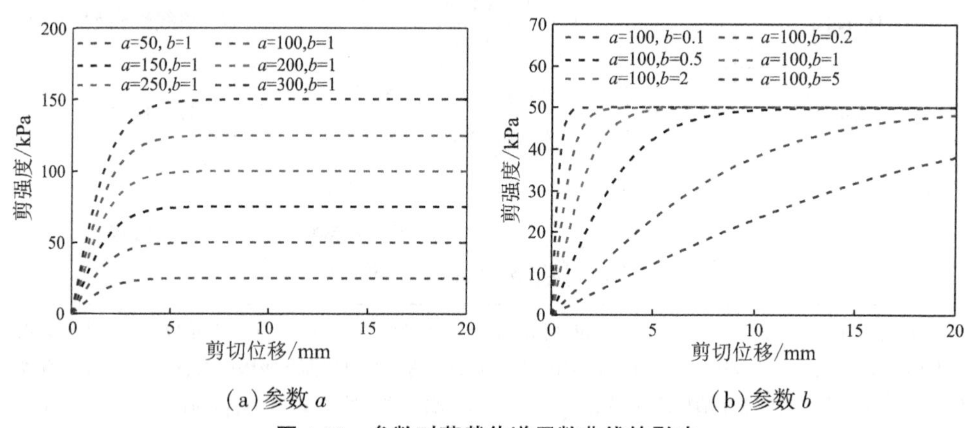

(a)参数 a　　　　(b)参数 b

图 4.12　参数对荷载传递函数曲线的影响

将 4.3.1 节中的黄土-混凝土界面剪切应力-剪切位移曲线用式(4.10)进行拟合，各曲线拟合参数如表 4.9 所示。对于参数 a，主要影响极限剪切应力 τ_u，前文已经分析，其值为极限剪切应力 τ_u 的 2 倍，而极限剪切应力与抗剪强度几乎一致。图 4.13(a)为参数 a 与抗剪强度 τ_f 的散点图，可见数据点与直线 $a=2\tau_f$ 较为吻合，故参数 a 可以直接取抗剪强度 τ_f 的 2 倍。

对于参数 b，其主要影响曲线在达到极限剪切应力 τ_u 前的增长速率，其值随法向应力的增加而减小，随基质吸力的增加而增加，故用式(4.12)对参数 b 进行拟合，拟合曲面如图4.13(b)所示。

$$b=\frac{m\psi+n}{\sigma}+f \tag{4.12}$$

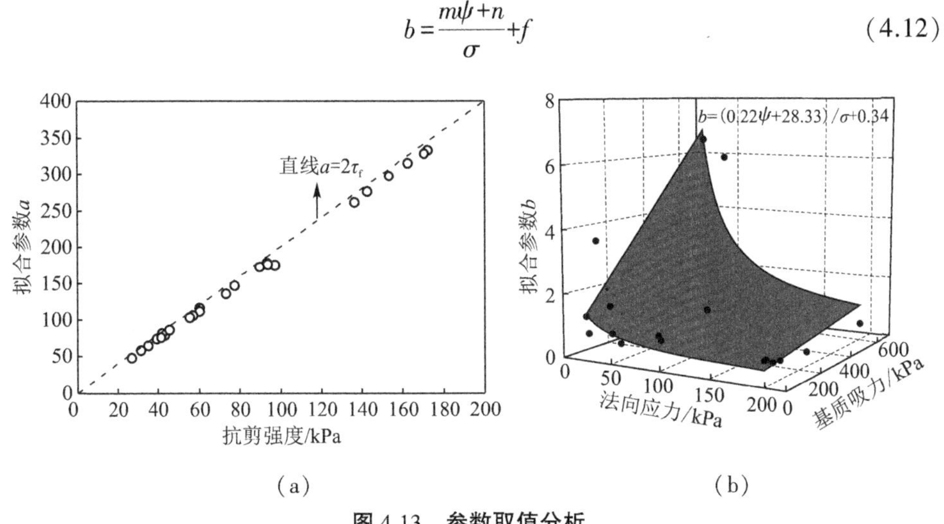

(a)　　　　　　　　　　(b)

图4.13　参数取值分析

表4.9　界面剪切数据拟合参数表

法向应力/kPa	基质吸力/kPa	拟合参数 a	拟合参数 b
25	612	79.5	6.50
50	612	116.9	5.92
100	612	175.8	0.93
200	612	332.4	0.52
25	244	81.7	2.78
50	244	112.2	1.14
100	244	178.2	1.36
200	244	328.2	0.45
25	87.7	74.9	2.04
50	87.7	106.1	0.99
100	87.7	176.7	0.55
200	87.7	314.6	0.57
25	47.7	65.2	3.64
50	47.7	103.6	0.53
100	47.7	173.3	0.57

续表 4.9

法向应力/kPa	基质吸力/kPa	拟合参数 a	拟合参数 b
200	47.7	297.6	0.61
25	9.8	58.6	0.82
50	9.8	87.0	0.90
100	9.8	147.2	0.92
200	9.8	276.4	0.77
25	0	48.3	1.37
50	0	76.2	1.77
100	0	136.2	1.07
200	0	262.0	0.78

4.4.3 湿陷性黄土地区混凝土桩的荷载传递法

在湿陷性黄土地区,桩周土体在受到雨水入渗作用后,会产生增湿变形,桩周土体相对于桩身产生向下的位移,不仅会使桩身部分区域正摩阻力消失,还会对桩施加一个向下的摩阻力即负摩阻力,使桩的承载性能迅速退化。因此荷载传递法在湿陷性黄土地区不能直接运用,需要对其进行改进。本节对荷载传递法的改进主要为以下三点:

(1)基于第 3.4.2 节的湿陷性黄土增湿变形模型,利用黄土入渗过程中基质吸力的变化表征土体的沉降量,以考虑桩周黄土湿陷对桩土相对位移的影响。

(2)利用第 4.3.3 节的黄土-混凝土界面抗剪强度模型,计算入渗过程中桩土界面抗剪强度,以考虑入渗过程中桩土界面抗剪强度随基质吸力的非线性退化。

(3)利用第 4.4.2 节提出的适用于黄土-混凝土界面的荷载传递函数,来确定桩侧摩阻力,以考虑入渗过程中基质吸力减小导致的荷载传递曲线的变化。

在桩周黄土入渗过程中,基质吸力持续降低,如图 4.14(a)所示,每一时间点对应一条基质吸力随深度变化的曲线,每条曲线不同深度基质吸力和压力均不相同,其荷载传递曲线形状也不同。改进的荷载传递法通过编写 MATLAB 程序实现,以快速准确地计算入渗时非饱和黄土中混凝土桩承载性能的变化。以某一入渗时刻为例,步骤如下:

(1)如图 4.14(b)所示,长度为 L 的桩被分成 n 个单元,每个单元长 $\Delta L = L/n$。n 的大小决定计算精度。

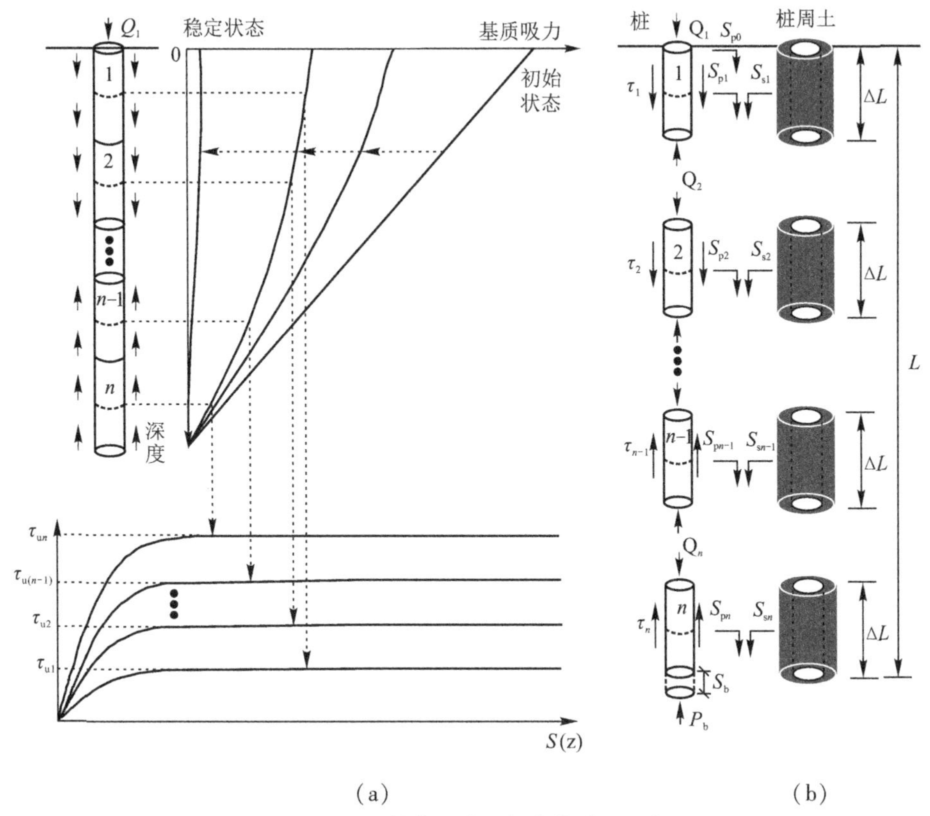

(a)　　　　　　　　(b)

图4.14　湿陷性黄土地区荷载传递法示意图

(2)先假设桩端桩单元 n 底面产生一个位移 S_b,并根据表4.8中的双线性模型计算桩端单位面积阻力 q_b,则可得到桩端阻力 P_b。

$$P_b = \pi r_0^2 q_b \tag{4.13}$$

式中,r_0为桩截面半径。

(3)假定桩单元 n 的桩土相对位移 $S(z)_n$ 位于第 n 段的中部,则 $S(z)_n$ 可由桩单元 n 中部桩身沉降 S_{pn} 和桩周土体湿陷量 S_{sn} 计算得到,见式(4.14)。对于首次取值,建议取 S_{pn} 为 S_b,S_{sn} 由湿陷性黄土增湿变形模型[式(3.5)~式(3.7)]计算,需要注意的是,桩周某处土体的湿陷量是该处以下土体的累计变形量。

$$S(z)_n = S_{pn} - S_{sn} \tag{4.14}$$

式中,$S(z)_n$为第 n 段桩单元桩土相对位移;S_{pn}为第 n 段桩单元沉降;S_{sn}为第 n 段桩单元桩周土体湿陷量。

(4)将桩土相对位移 $S(z)_n$ 代入荷载传递函数表达式式(4.10)[由第4.4.2节可知参数 a 为界面抗剪强度的2倍,界面抗剪强度由式(4.6)表示],可得桩土相对位移为 $S(z)_n$ 时的界面剪切应力 τ_n。

(5)第 n 段桩单元顶部荷载 Q_n 计算见式(4.15)。

$$Q_n = P_b + 2\pi\tau_n \Delta L r_0 \tag{4.15}$$

(6)第 n 段桩单元的中点弹性变形 $\Delta\rho_n$(假设桩单元中载荷呈线性变化)计算见式(4.16)。

$$\Delta\rho_n = \left(\frac{\dfrac{Q_n + P_b}{2} + P_b}{2}\right)\left(\frac{\Delta L}{2A_{pn}E_{pn}}\right) \tag{4.16}$$

式中,A_{pn} 为第 n 段桩单元的横截面面积;E_{pn} 为第 n 段桩单元的弹性模量。

(7)第 n 段桩单元中点处的新桩土相对位移,见式(4.17)。

$$S(z)'_n = S(z)_n + \Delta\rho'_n \tag{4.17}$$

(8)将计算出的 $S(z)'_n$ 与 $S(z)_n$ 进行比较。若 $|S(z)_n - S(z)'_n|$ 的值不满足预设的精度(本书取 10^{-11}m),则重复步骤(2)~(8),直到满足精度要求。

(9)在满足精度要求后,按上述步骤计算第 $n-1$ 段桩单元,然后逐个桩单元上推,直到获得桩顶载荷(Q_1)和桩顶位移(S_{p0})。

(10)依照步骤(1)~(9),利用 MATLAB 编写程序,通过假定一系列桩端位移,可以得到一系列的桩身侧摩阻力、桩身轴力、桩顶沉降数据。

4.5 本章小结

本章开展了非饱和黄土、黄土-混凝土界面直剪试验,对剪切应力-剪切位移曲线、法向位移-剪切位移曲线、抗剪强度进行分析,并提出了适用于湿陷性黄土地区混凝土桩的荷载传递法,主要结论如下:

(1)黄土、黄土-混凝土界面剪切应力均随剪切位移的增加呈非线性增加,随法向应力和基质吸力的增加而增加;在黄土、黄土-混凝土界面剪切过程中,均在试样基质吸力较高、法向应力较小时出现剪胀现象,在基质吸力较低、法向应力较大时出现剪缩现象。

(2)黄土、黄土-混凝土界面抗剪强度均符合 Vanapalli 非饱和抗剪强度模型,总体上黄土-混凝土界面抗剪强度高于黄土,差异主要体现在黏聚力上。

(3)基于 Logistic 模型、界面剪切应力-剪切位移曲线提出了适用于黄土-混凝土界面的荷载传递函数,并对参数取值进行了分析。

(4)考虑到桩侧黄土沉降、桩土界面抗剪强度随基质吸力的非线性变化,结合提出的新荷载传递函数,对荷载传递法进行改进,使其适用于湿陷性黄土地区。改进的荷载传递法仅需桩周黄土入渗过程中的基质吸力变化曲线,便可得到任意入渗时刻的桩身轴力分布、桩顶沉降、桩端阻力等数据,能够为湿陷性黄土地区桩基工程的设计与安全评估提供参考。

第5章 模型试验、结果分析与理论验证

本章通过开展湿陷性黄土灌注桩入渗模型试验，对入渗过程中桩周土分层沉降、桩周土体积含水量、桩身轴力、桩端土压力、桩顶沉降进行监测和分析；利用试验数据对第3.4.2节提出的湿陷性黄土增湿变形模型、第4.4.3节提出的适用于湿陷性黄土混凝土桩的荷载传递法进行验证。

5.1 模型试验相似原则

5.1.1 相似理论

相似理论是模型试验设计的理论基础，经过多年的发展，逐渐形成了相似三大定理。相似第一定理：相似物理现象的相似指标为1。相似第二定理：在某一物理现象中有 n 个物理量，其中有 k 个独立量纲的物理量，其余 $n-k$ 个物理量可由 k 个独立量纲的物理量表示，则可得到 $n-k$ 个相似准数（π 数）π_1、π_2、…、π_{n-k}，故也称为 π 定理。相似第三定理：相似的充要条件是如果同一类物理现象单值量相似，则对应的相似准数数值相同。

目前，相似理论分析方法主要有方程分析法和量纲分析法[171]。方程分析法主要适用于物理现象有明确的数理方程，如"弹簧-质量-阻尼"系统，而实际工况大部分体系复杂，难以得到其精确的数理方程，此时可选用量纲分析法。量纲分析法以方程的齐次性为基础，通过量纲分析导出 $n-k$ 个相似准数（π 数）[171]。

5.1.2 模型试验相似计算

本试验主要控制和研究物理量：桩顶荷载 P、桩长 L、桩截面面积 A、桩体弹性模量 E_p、桩身应力 σ、桩身变形 Δ。设本试验各物理量关系方程见式(5.1)。

$$f(P, L, A, E_p, \sigma, \Delta) = 0 \tag{5.1}$$

各物理量量纲为：$[P]=[F]$、$[L]=[L]$、$[A]=[L^2]$、$[E_p]=[FL^{-2}]$、$[\sigma]=$

$[FL^{-2}]$、$[\Delta]=[L]$,取 P、L 为量纲独立的物理量,可得 6-2=4 个相似准数(π 数)如下式:

$$\pi_1=\frac{A}{P^{a_1}L^{b_1}},\pi_2=\frac{E_{\mathrm{P}}}{P^{a_2}L^{b_2}},\pi_3=\frac{\sigma}{P^{a_3}L^{b_3}},\pi_4=\frac{\Delta}{P^{a_4}L^{b_4}} \tag{5.2}$$

由于 π_1、π_2、π_3、π_4 无量纲,通过对比量纲可得:

$$\begin{cases}[L^2]=[F]^{a_1}[L]^{b_1}\\ [FL^{-2}]=[F]^{a_2}[L]^{b_2}\\ [FL^{-2}]=[F]^{a_3}[L]^{b_3}\\ [L]=[F]^{a_4}[L]^{b_4}\end{cases}\Rightarrow\begin{cases}a_1=0,b_1=2\\ a_2=1,b_2=-2\\ a_3=1,b_3=-2\\ a_4=0,b_4=1\end{cases} \tag{5.3}$$

即

$$\pi_1=\frac{A}{L^2},\pi_2=\frac{E_{\mathrm{P}}L^2}{P},\pi_3=\frac{\sigma L^2}{P},\pi_4=\frac{\Delta}{L} \tag{5.4}$$

在相似的物理现象中,相似准数相等,则模型物理量与原型物理量间满足下式:

$$\begin{cases}\dfrac{A_{\mathrm{m}}}{L_{\mathrm{m}}^2}=\dfrac{A_{\mathrm{p}}}{L_{\mathrm{p}}^2},\dfrac{E_{\mathrm{pm}}L_{\mathrm{m}}^2}{P_{\mathrm{m}}}=\dfrac{E_{\mathrm{pp}}L_{\mathrm{p}}^2}{P_{\mathrm{p}}}\\ \dfrac{\sigma_{\mathrm{m}}L_{\mathrm{m}}^2}{P_{\mathrm{m}}}=\dfrac{\sigma_{\mathrm{p}}L_{\mathrm{p}}^2}{P_{\mathrm{p}}},\dfrac{\Delta_{\mathrm{m}}}{L_{\mathrm{m}}}=\dfrac{\Delta_{\mathrm{p}}}{L_{\mathrm{p}}}\end{cases} \tag{5.5}$$

式中,P_{m}、L_{m}、A_{m}、E_{pm}、σ_{m}、Δ_{m} 分别为模型试验桩顶荷载、桩长、桩截面面积、桩体弹性模量、桩身应力、桩身变形;P_{p}、L_{p}、A_{p}、E_{pp}、σ_{p}、Δ_{p} 分别为原型桩基桩顶荷载、桩长、桩截面面积、桩体弹性模量、桩身应力、桩身变形。

将上述各量的相似常数带入式(5.6)中,可得相似条件见式(5.7)。

$$C_P=\frac{P_{\mathrm{m}}}{P_{\mathrm{p}}},C_L=\frac{L_{\mathrm{m}}}{P_{\mathrm{p}}},C_A=\frac{A_{\mathrm{m}}}{A_{\mathrm{p}}},C_{E_{\mathrm{p}}}=\frac{E_{\mathrm{pm}}}{E_{\mathrm{pp}}},C_\sigma=\frac{\sigma_{\mathrm{m}}}{\sigma_{\mathrm{p}}},C_\Delta=\frac{\Delta_{\mathrm{m}}}{\Delta_{\mathrm{p}}} \tag{5.6}$$

$$\frac{C_A}{C_L^2}=1,\frac{C_E C_L^2}{C_P}=1,\frac{C_\sigma C_L^2}{C_P}=1,\frac{C_\Delta}{C_L}=1 \tag{5.7}$$

式中,C_P、C_L、C_A、$C_{E_{\mathrm{p}}}$、C_σ、C_Δ 分别为桩顶荷载、桩长、桩截面面积、桩体弹性模量、桩身应力、桩身变形的相似常数。

5.1.3 粒径及边界效应

(1)粒径效应

在模型试验中,一般试验填土与原场地一致,而结构物尺寸较小,这时土颗粒的不均匀性就会被放大。徐光明等[172]通过开展一系列试验发现,结构物尺寸与土颗粒粒径之比大于23时,模型试验不受粒径效应的影响。

(2)边界效应

模型箱侧壁使土体受到额外的摩擦和约束作用,进而影响土体的变形以及受力性能。Ovesen[173]通过试验发现,当模型结构到模型箱内壁的距离与模型结构尺寸的比值大于2.82时,试验不受边界效应的影响。徐光明等[172]通过试验发现,模型结构到模型箱内壁的距离与模型结构尺寸的比值大于等于3时,可忽略边界效应。

5.2 模型试验设计

5.2.1 模型桩、桶设计与土材料的选择

(1)模型桩设计

模型桩的材料、尺寸依据现场桩基概况及5.1节相似理论分析结果进行设计。现场桩为混凝土灌注桩,混凝土强度等级为C30,桩长为20 m,桩径为1 m,取模型桩几何尺寸相似比(C_L)为1/20,则模型桩入土长度为1 m,桩径为5 cm。模型桩材料仍采用C30混凝土即$C_{E_p}=1$,由前文相似条件可得$C_P=C_{E_p}C_L^2=1/400$,$C_\sigma=1$。

模型桩入土深度为1 m,土面以上桩头长度设计为20 cm,以方便后期加载,桩头部分利用外径5 cm的PVC管进行浇筑,如图5.1所示。本试验采用灌注桩,由于桩截面较小,浇筑时采用细石混凝土,桩中心放置一根直径10 mm的螺纹钢筋。钢筋两侧均布置应变片,用来监测桩身轴力,自桩端向桩顶每隔20 cm布设一组应变片,直至填土面,共计布置6组(12个)应变片。

根据《湿陷性黄土地区建筑标准》[3],对于湿陷性较大的自重湿陷性黄土地区,成桩方式宜为干作业成孔灌注桩,也可采用人工挖孔,本模型试验采用洛阳铲打孔,桩体采用细石混凝土浇筑并振捣,养护28天。

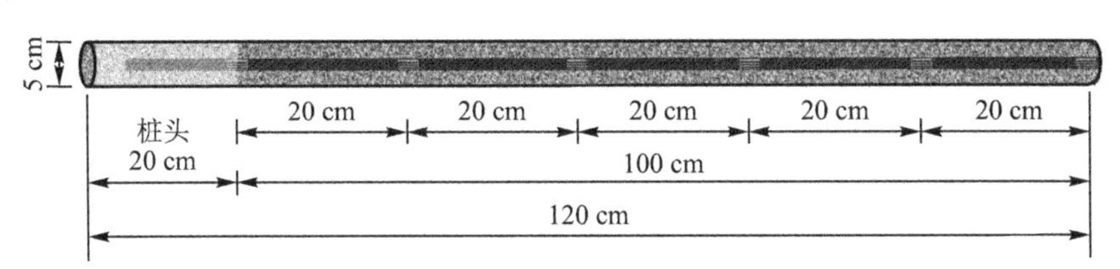

图5.1 模型桩示意图

(2)模型桶设计

本模型试验容器选用高2000 mm,直径800 mm,壁厚为5 mm的圆柱形铁

桶,桶侧开有若干孔洞,以方便测量仪器接线的引出,如图 5.2 所示。模型桩与桶侧壁距离为 375 mm,与桩直径(50 mm)的比值为 7.5,满足 5.1.3 节中边界效应的要求(比值≥3)。

图 5.2 模型桶示意图

(3)试验用土

湿陷性黄土取自河南省三门峡市一建筑工地(与前文室内试验用土一致),将取得的黄土进行自然晾晒风干,如图 5.3(a)所示。风干后过 2 mm 筛,如图 5.3(b)所示。根据 5.1.3 节对粒径效应的分析,结构物尺寸与土颗粒粒径之比为 50/2 = 25,大于 23,即模型试验粒径效应可以忽略。将过完筛的土体装袋密封,并测定每袋土体风干后的含水率,如图 5.3(c)、(d)所示。最后将含水率配至天然含水率 11.9%并装袋密封,如图 5.3(e)、(f)所示。

(a)自然风干

(b)过 2 mm 筛

(c)干土装袋密封

(d)测每袋含水率

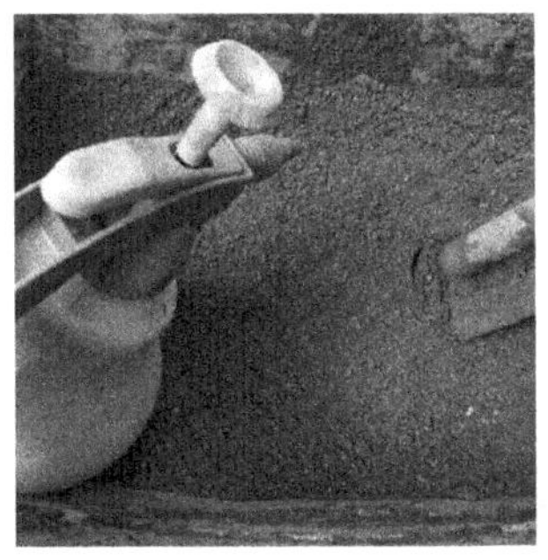

(e)配置指定含水率

(f)密封备用

图 5.3 试验用土准备

5.2.2 桩顶荷载值及加载方案

(1)桩顶荷载值设计

根据《湿陷性黄土地区建筑标准》,湿陷性黄土中单桩承载力可按下式计算:

$$R_a = q_{pa}A_p + u_p q_{sa}(l_0 - l_n) - u_p \bar{q}_{sa} l_n \tag{5.8}$$

式中,R_a为单桩承载力特征值;q_{pa}为桩端阻力特征值;A_p为桩截面面积;u_p为桩截面周长;l_0为桩长;l_n为中性点深度;q_{sa}、$\bar{q}_{sa}$分别为中性点以下平均摩阻力、中性点以上平均负摩阻力,在湿陷性黄土层二者按照饱和状态取值。

《湿陷性黄土地区建筑标准》[3]给出了负摩阻力参考值,如表 5.1 所示,本试验负摩阻力特征值取 10 kPa。《建筑桩基技术规范》[174]给出了中性点深度比的取值原则,如表 5.2 所示。

表 5.1 桩侧平均负摩阻力特征值[3] 单位:kPa

自重湿陷量实测值或计算值	钻、挖孔灌注桩	打、压入式预制桩
70~200 mm	10	15
≥200 mm	15	20

表 5.2 中性点深度比取值原则[174]

持力层	黏性土、粉土	中密以上砂	砾石、卵石	基石
中性点深度比 l_n/l_0	0.5~0.6	0.7~0.8	0.9	1.0

本试验中性点深度比取 0.6,此外,《建筑桩基技术规范》[174]还给出了桩端极限阻力标准值的参考取值,本书取桩端极限阻力标准值为 800 kPa,即桩端阻力特征值为 400 kPa。根据第 4 章界面直剪试验结果,中性点以下桩侧平均摩阻力取 15 kPa。将上述取值带入式(5.8)可得,承载力特征值为 0.785 kN。

(2)桩顶荷载加载方案

本试验采用堆载的方式施加桩顶荷载,荷载由定制加载板和砝码共同组成,如图 5.4 所示。加载板为直径 32 cm、厚度 5 cm 的铁板,中心焊接直径 1 cm、长 40 cm 的光圆钢筋以方便砝码堆加。加载板重 27.8 kg,每个砝码重 5.1 kg,10 个砝码重 51 kg,共计 78.8 kg。

图 5.4　试验加载板及砝码

5.2.3　监测装置的选取与布设

本模型试验主要对桩身轴力(应变片)、桩端土压力(土压力盒)、桩顶位移(数显百分表)、桩周土分层沉降(沉降标+数显百分表)、桩周土含水率(土壤水分监测装置)等进行监测。

(1)数据采集仪

数据采集仪选用 CM-2B 型静态电阻应变仪,以对桩端土压力(土压力盒)、桩身轴力(应变片)数据进行采集。如图 5.5 所示,该采集仪共有 80 个采集通道,每列设置一个公共补偿通道。

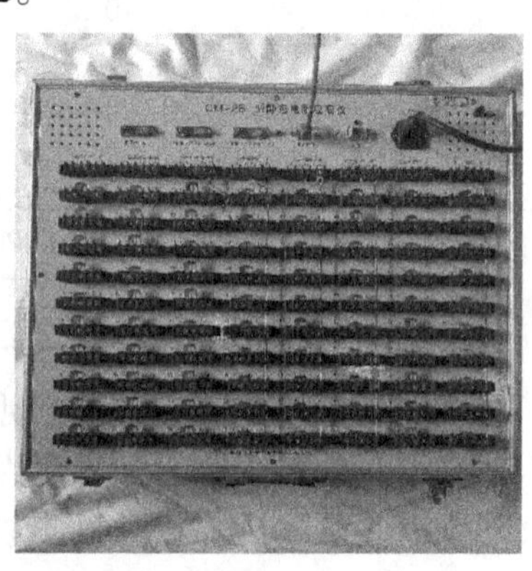

图 5.5　CM-2B 型静态电阻应变仪

(2)应变片

桩身应变片选用 BFH120-3AA-D150 型应变片,如图 5.6 所示,丝栅尺寸为 3.0 mm×2.3 mm,电阻为 120 Ω,灵敏系数为 2.0±1%。应变片自桩端每 20 cm 布置 1 组(2 个),共计布置 6 组(12 个),详见 5.2.1 节。

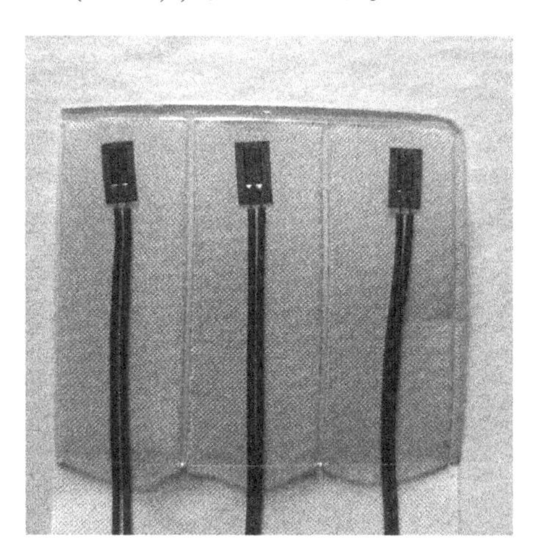

图 5.6　应变片实物图

(3)土压力盒

土压力盒采用应变式土压力盒,如图 5.7 所示,土压力盒直径 35 mm,厚度 7 mm,量程 0.5 MPa,埋设在桩端正下方,用来测定桩端土压力。由于仪器厂家采用的是油压或气压进行标定,与实际使用环境有较大出入,故使用前先对土压力盒在试验土体中进行标定,率定系数为 0.534。

图 5.7　土压力盒实物图

(4)沉降标

为了监测桩周土体的分层沉降,定制了沉降标,如图 5.8 所示。沉降标上下两端为厚度 2 mm 的方形钢片,尺寸分别为 5 cm×5 cm、10 cm×10 cm,上下两块钢片通过直径为 10 mm 的光圆钢筋焊接相连,光圆钢筋外套有外径 16 mm 的 PVC 管。沉降标具体尺寸与埋设深度见表 5.3,沉降标均匀围绕桩身埋设,每 60°埋设一组。

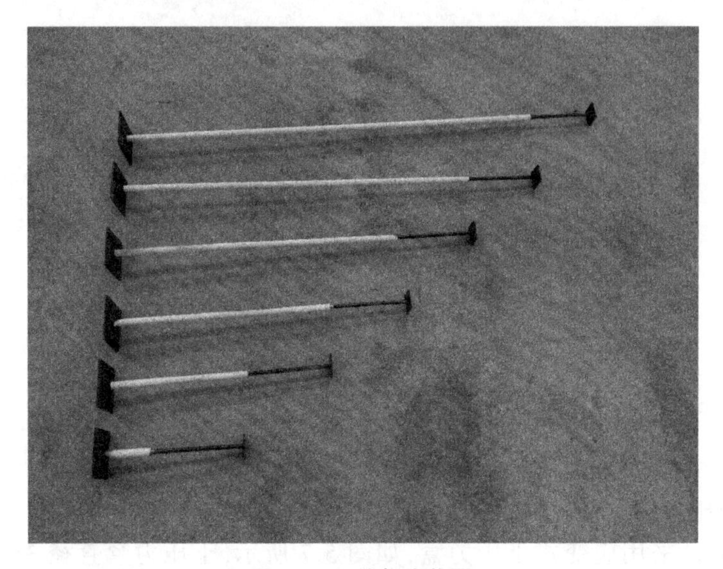

图 5.8 沉降标实物图

表 5.3 沉降标尺寸及埋设深度

编号	钢片尺寸/cm	钢筋长度/cm	PVC 管长度/cm	埋设深度/cm
1	上端钢片:5×5 下端钢片:10×10	130	110	100(桩端土层)
2		110	90	80
3		90	70	60
4		70	50	40
5		50	30	20
6		30	10	0(填土表面)

(5)数显百分表

桩周土体沉降和桩顶沉降利用数显百分表监测数据。数显百分表如图 5.9 所示,量程 25.4 mm,精度 0.01 mm,百分表共计 7 个,其中 6 个搭配沉降标使用,以监测桩周土体分层沉降,剩余 1 个监测桩顶沉降。

图 5.9 数显百分表实物图

(6)土壤水分监测装置

利用土壤水分监测装置监测桩周土体体积含水量的变化,土壤水分监测装置如图 5.10 所示,其由 6 个土壤水分传感器和网络采集仪组成,能够将实时数据上传至云端储存。土壤水分传感器测定土壤水分参数为土壤体积含水量,测量范围 0~100%,测量精度±2%,分辨率 0.1%,响应时间小于 1 s,埋设深度与沉降标一致。

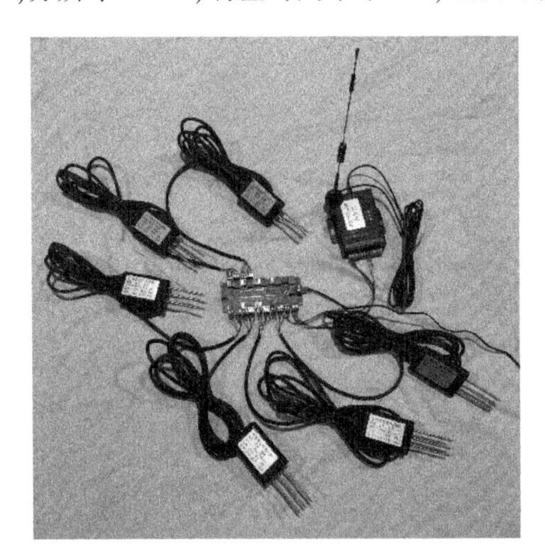

图 5.10 土壤水分监测装置实物图

(7)监测装置汇总

监测装置汇总如表 5.4 所示,各监测装置布设总图如图 5.11 所示。

表 5.4 监测装置汇总

仪器	型号	数量	备注
数据采集仪	CM-2B 型静态电阻应变仪	1	采集数据(土压力盒、应变片)
应变片	BFH120-3AA-D150	12	监测桩身轴力
土压力盒	应变式土压力盒	1	监测桩端土压力
沉降标	自制	6	辅助监测桩周土体沉降
数显百分表	25.4 mm 数显百分表	7	监测桩周土体、桩顶沉降
土壤水分监测装置	土壤水分传感器	6	监测桩周土体体积含水量
	网络采集仪	1	采集桩周土体体积含水量

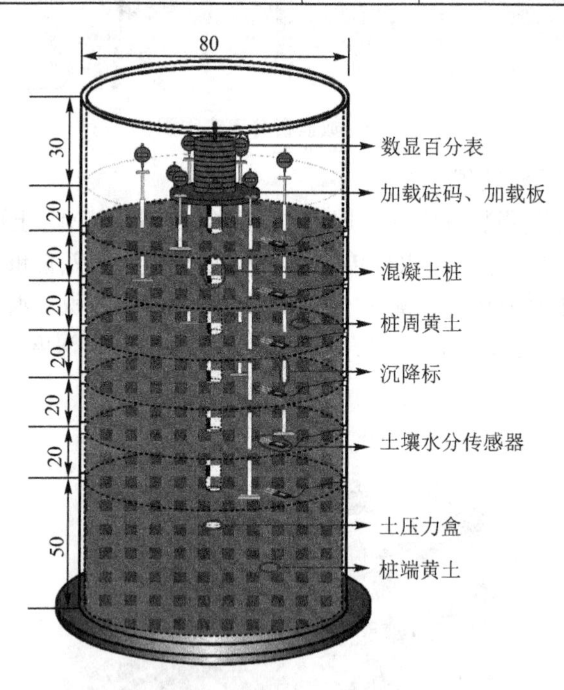

图 5.11 监测装置布设示意图(单位:cm)

5.3 试验步骤

5.3.1 土体回填及仪器埋设

(1)模型桶内壁尺寸、方位标记。自桶底向上每 10 cm 沿桶内壁周长画线,以方便后期填土压实。用软皮尺围绕桶内壁每 1/6 周长画一条竖直线,即将桶内壁分为 6 份,每份为 60°圆弧,以方便后期沉降标的埋设。

(2)桩端土回填及土压力盒埋设。桩端土干密度为 1.48 g/cm^3,含水率为 11.9%,厚度为 50 cm,分 5 层压实,每层压实厚度 10 cm,每层填土 83.2 kg,压实到标记位置后刮花。需要在第 5 层埋设土压力盒,即第 5 层需要分两次压实,先回填 41.6 kg 土体,平整后,利用吊锤定位圆心,放置土压力盒,如图 5.12(a)所示,再回填 41.6 kg 土体,并压实刮花。

(3)桩周土回填及沉降标、水分传感器埋设。桩周土干密度为 1.38 g/cm^3,含水率为 11.9%,厚度共计 100 cm,分 10 层压实,每层压实厚度 10 cm,每层填土 77.6 kg。放置一组沉降标和水分传感器,如图 5.12(b)所示,回填土 77.6 kg,然后压实到标记线,刮花,再放置一组沉降标和水分传感器,直至填土完成,如图 5.12(c)所示。

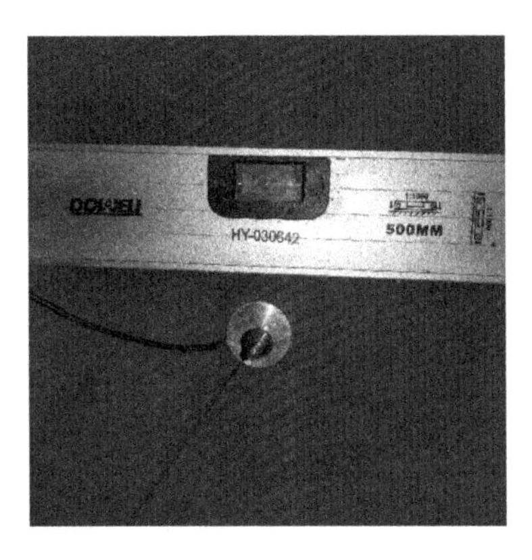

(a)土压力盒埋设

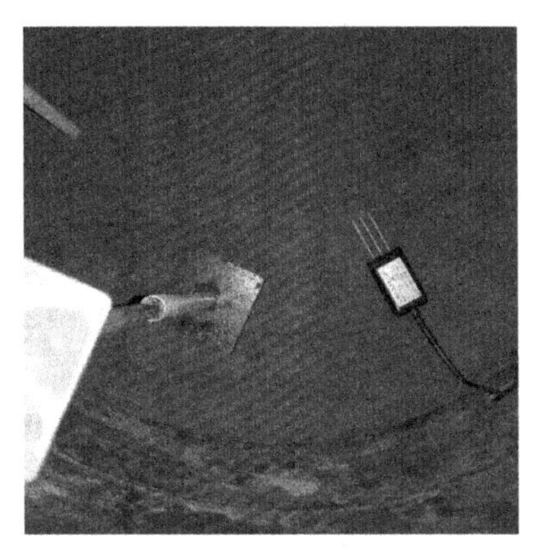

(b)沉降标与水分传感器埋设

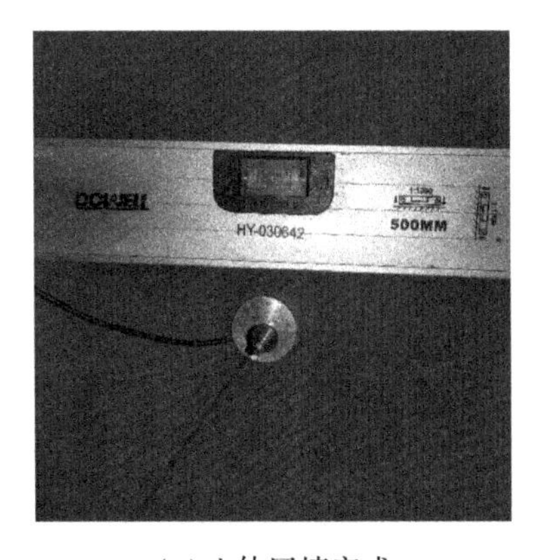

(c)土体回填完成

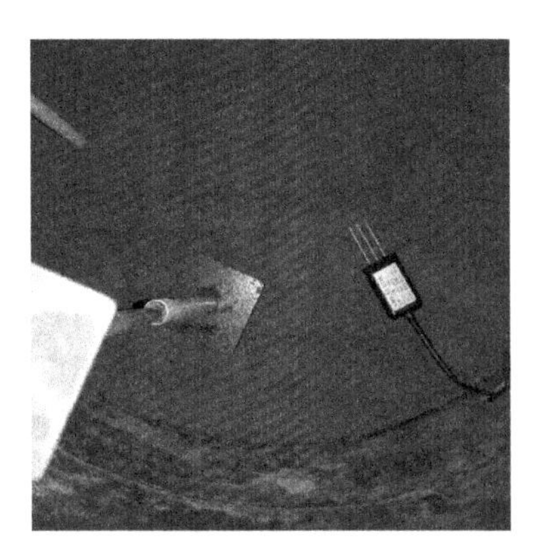

(d)密封静置

图 5.12 土体回填及仪器埋设过程图

(4)密封静置。将桶壁预留孔用发泡胶填充,防止水分挥发和后期入渗时水渗出,并用塑料膜密封桶口,如图 5.12(d)所示,以防止水分挥发,静置 72 h,让土体充分密实,以及水分充分迁移。

5.3.2 混凝土灌注桩的浇筑及养护

(1)钢筋打磨:用记号笔在钢筋需贴应变片位置处标记,先用角磨机在钢筋上打磨出大于应变片面积的平整区域,然后用砂纸继续打磨,打磨方向应与应变片粘贴方向呈 45°夹角,打磨出相交的 45°斜纹。

(2)应变片粘贴及保护:用棉签蘸取酒精对打磨处进行擦拭,直至棉签无黑迹。在应变片背面滴一滴 502 胶水,然后快速放置在粘贴位置,用塑料薄膜覆盖并按压约 1 min,然后将 AB 胶拌匀涂抹在应变片上。由于共计 12(6×2)个应变片,导线较多,因此选用四芯细导线与应变片相接,每个应变片位置的两个应变片由一根四芯细导线接出,并用绝缘胶带包裹,如图 5.13(a)所示。

(3)桩孔定位及洛阳铲打孔:用吊锤确定桶中心,确定桩孔位置,如图 5.13(b)所示。在桶中心用洛阳铲打孔,打孔时保证洛阳铲竖直,如图 5.13(c)所示,每次下挖约 5 cm、深度至 100 cm 时打孔结束,成孔如图 5.13(d)所示。

(4)混凝土配置及浇筑:混凝土选用 C30 细石混凝土,桩孔附近土体用带洞的塑料薄膜覆盖,防止混凝土浆影响表面土体。将桩身配筋放置在桩孔中,然后将混凝土浆分批倒入桩孔内,并振捣,如图 5.13(e)所示。桩头利用 PVC 管浇筑,PVC 管侧面设置一孔洞,便于应变片导线接出。浇筑完成后将塑料薄膜撤去,并对表面土体混凝土浆液进行清理,如图 5.13(f)所示。将剩余混凝土浆液利用一个 20 cm 的 PVC 管浇筑补偿构件,补偿构件材料与桩身一致。

(5)桩体密封养护:浇筑完成后用塑料薄膜密封桶顶,养护 28 天,如图 5.13(g)所示。

(a)应变片粘贴及接线

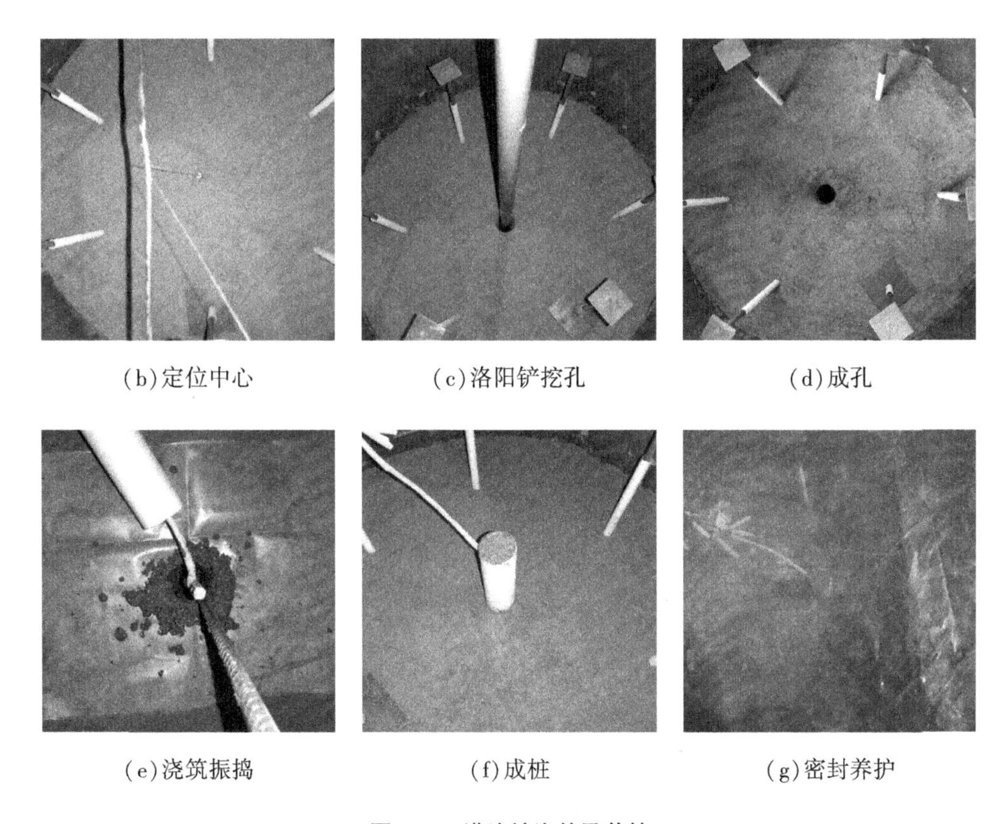

(b)定位中心　(c)洛阳铲挖孔　(d)成孔

(e)浇筑振捣　(f)成桩　(g)密封养护

图5.13 灌注桩浇筑及养护

5.3.3 加载及入渗

(1)桩头打磨:由于浇筑而成的桩头上部凹凸不平,为了使桩身仅承受轴向压力,用角磨机将桩头打磨平整,如图5.14(a)所示。

(2)仪器连接:将土压力盒、应变片与采集仪连接,将土壤水分监测装置连接通电,检测各监测设备是否正常。

(3)分级加载:用定制加载板和砝码共同施加静载,共分6级加载,第一级为加载板,后面两个砝码为一级,上一级加载稳定后才能施加下级荷载,加载时不需要监测桩周土体的沉降,如图5.14(b)所示。

(4)入渗:加载完成后,向模型桶内注水,保持水头为3 cm左右,如图5.14(c)所示,直至桩端土层土壤水分传感器饱和。

(5)测量桩径:入渗完成后,将模型桩挖出,测量其桩径,选择两个相互垂直的测量角度,测定间距为1 cm,如图5.14(d)、(e)所示。

(a)桩头磨平

(b)施加荷载

(c)仪器架设和入渗

(d)桩径测量

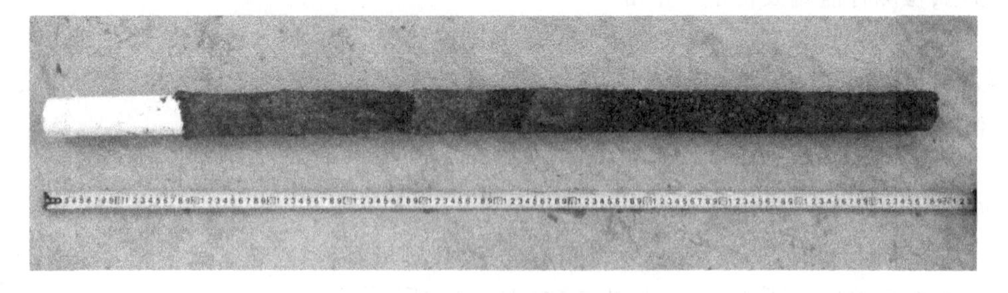

(e)模型桩实物图

图 5.14　灌注桩浇筑及养护

5.4 试验结果分析与理论验证

5.4.1 桩周土含水状态分析

桩周各层黄土体积含水量随入渗时间的变化曲线如图5.15(a)所示,可见各层土体体积含水量变化规律基本一致,在湿润锋未到达该土层时,土体体积含水量保持不变;在湿润锋到达后,土体体积含水量开始快速增加,然后增速变慢并趋于稳定。

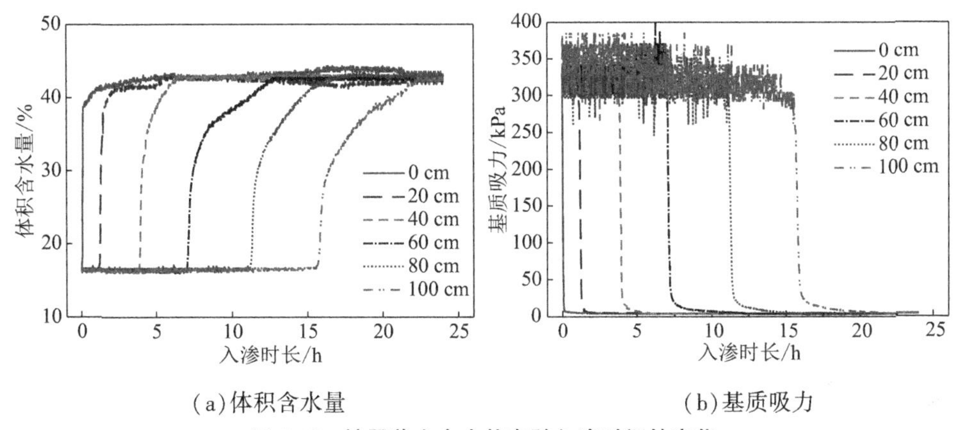

(a)体积含水量　　(b)基质吸力

图5.15　桩周黄土含水状态随入渗时间的变化

0 cm、20 cm、40 cm、60 cm、80 cm、100 cm处水分传感器读数开始变化(湿润锋到达)的时间分别为0 h、1.25 h、4.1 h、7.5 h、11.7 h、16.6 h,可得相邻两个水分传感器读数开始变化的间隔分别为1.25 h、2.85 h、3.4 h、4.2 h、4.9 h。可见,相邻两个水分传感器开始变化的时间间隔逐渐增加,即随着土层深度的增加,入渗速率逐步变缓,这是因为土层越深,上部水的入渗路径越长,补给距离越远,另外土体中孔隙气压力的增加也会对入渗起到阻塞作用。

将体积含水量数据代入第3.2.2节中的土水特征曲线(FX模型拟合曲线)中,可得到入渗过程中桩周黄土基质吸力的变化,如图5.15(b)所示。

5.4.2 桩周土增湿变形分析

桩周土各测点累计沉降量数据如图5.16中的实线所示,可见各测点沉降开始发生的时间与图5.15(a)中对应深度土层水分传感器读数开始变化的时间基本一致。这是由于在湿润锋未到达该测点时,该测点以下土体未受到入渗的影响,土体仅由于上部土体重度增加而产生极小的压缩变形(可忽略),在湿润锋到达该测点后,该测点以下土体开始受到入渗的影响,土体发生增湿变形。

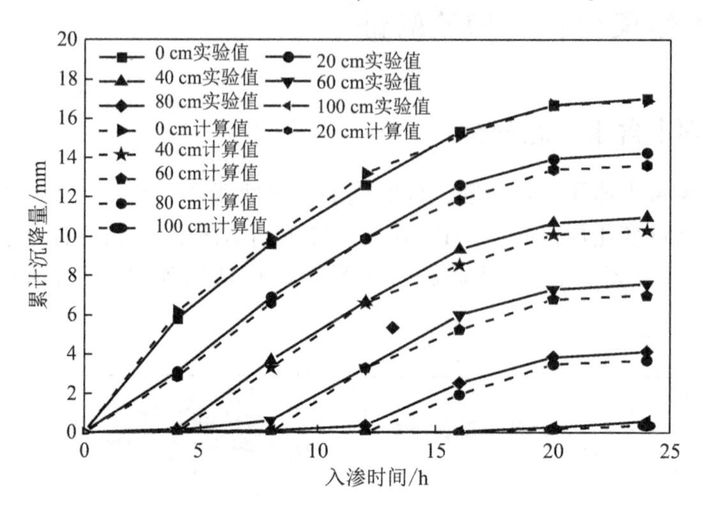

图 5.16　桩周黄土沉降量随入渗时间变化曲线

0 cm、20 cm、40 cm、60 cm、80 cm、100 cm 处监测点试验结束时的累计沉降量分别为 17.03 mm、14.26 mm、10.99 mm、7.61 mm、4.14 mm、0.59 mm。可见沉降测点与填土表面距离越小(埋深越小),沉降量越大。这是因为沉降监测点的沉降等于该监测点以下所有土体的累计沉降,故埋深较小处监测点沉降等于埋深较大处监测点沉降加上两监测点之间土体的沉降。

埋深较大的测点沉降发生后,其与上部各测点沉降量之差基本保持不变(两测点累计沉降点线图间距大致不变),这是因为上部土体增湿变形已经基本完成,上部测点沉降量的变化主要由下部土体的增湿变形提供。

100 cm 监测点处累计沉降量随入渗时间的变化速率远小于上部沉降监测点(0 cm、20 cm、40 cm、60 cm、80 cm),这是因为桩端土体干密度为 1.48 g/cm^3,而桩周土体干密度为 1.38 g/cm^3,由第 2.1 节黄土湿陷性试验可知,在上覆压力为 12.5 kPa,黄土干密度为 1.38 g/cm^3时湿陷系数为 0.0165,而干密度为 1.48 g/cm^3时湿陷系数仅为 0.003,湿陷性近乎消失。

将图 5.15(b)中基质吸力数据代入第 3.4.2 节提出的湿陷性黄土增湿变形模型中,得到各测点累计沉降量计算值如图 5.16 中虚线所示。

5.4.3　桩身受力性能分析

(1)桩径变化

对试验浇筑的模型桩进行桩径测量,桩径随深度分布如图 5.17 所示,可见桩径总体在 5~6 cm 之间,满足试验预期要求。上部桩径整体大于下部,且上部桩径离散性较大,这可能是由于洛阳铲打孔时需要多次提杆倒土,上部桩孔周围土体扰动程度较下部土体大。

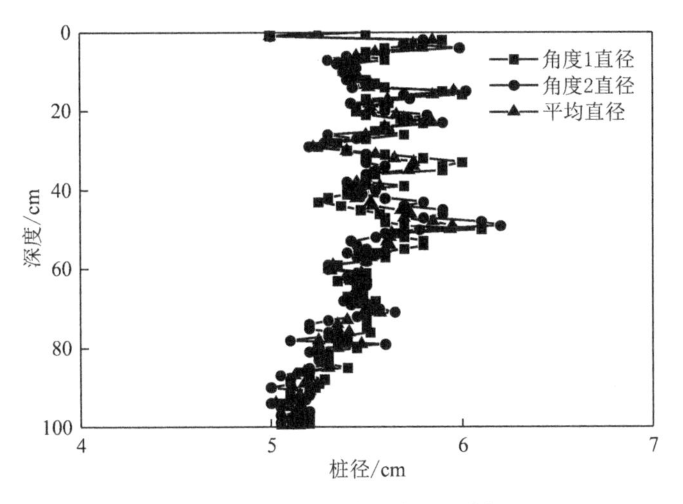

图 5.17 混凝土模型桩实际桩径

(2)桩身轴力和桩侧摩阻力

桩身轴力通过监测桩身应变得到,计算见式(5.9),入渗过程中桩身轴力变化如图 5.18(a)中实线所示。桩侧摩阻力由桩身轴力计算得到,见式(5.10),桩侧摩阻力计算结果如图 5.18(b)中实线所示。

$$Q_n = \sigma_n \times A = \varepsilon_n \times E_p \times A \tag{5.9}$$

$$q_n = \frac{Q_n - Q_{n-1}}{2\pi r_0 \Delta L} \tag{5.10}$$

式中,Q_n为桩身轴力;A 为桩截面面积;ε_n为桩身应变;E_p 为桩身弹性模量;q_n为桩侧摩阻力;r_0为桩身半径;ΔL 为两轴力测点的间距。

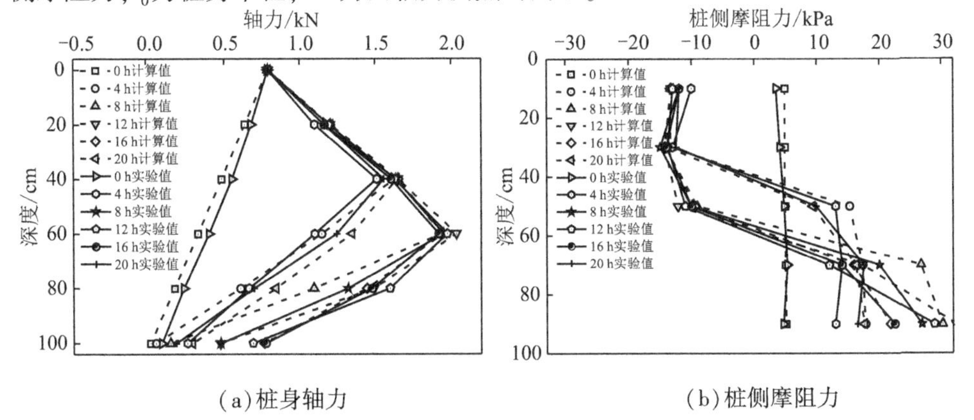

(a)桩身轴力　　(b)桩侧摩阻力

图 5.18 入渗过程中桩身受力变化

在入渗前，桩身轴力逐渐减小，桩侧摩阻力均为正值且沿桩长分布相对均匀，下部桩侧摩阻力相对较大。这是因为在未入渗时，桩周土体未发生湿陷变形，桩身沉降大于桩侧土体沉降，桩身均为正摩阻力，桩身轴力逐渐减小，又由于桩身弹性模量较高，变形较小，故桩土相对位移主要为桩体的沉降，而上部土体和桩界面法向应力较小，故上部桩侧摩阻力相对较小。

在入渗后，桩身轴力随深度的增加先增加后减小，呈"D"字形分布，桩侧摩阻力上部为负值，下部为正值。这是由于桩周黄土受到入渗作用后，产生增湿变形，导致上部土体沉降大于桩身位移，桩周土对桩身产生向下的负摩阻力，桩身轴力增加，而下部桩周土体沉降小于桩身，仍为正摩阻力，轴力逐渐减小。

桩侧负摩阻力最大值约为 15 kPa，小于正摩阻力。这是因为负摩阻力区域桩周土体为饱和土体，桩土界面抗剪强度较小。

入渗过程中，中性点（桩侧摩阻力为零的点）的位置随入渗时间先下降，然后保持相对稳定，最后再上升。这是因为在入渗初期，桩身沉降变化相对较小，而上部桩周土体沉降随入渗时间不断增加，且入渗的影响深度逐渐增大，导致桩周土体沉降大于桩身沉降的区域逐渐增大，即中性点位置逐渐下移（如 4~8 h）；在中性点下降 50~60 cm 后，超过一半的桩侧出现了负摩阻力，导致桩的承载性能出现较大退化，此时，虽然桩周土体沉降仍在逐渐增加，但桩身沉降增加也较为明显，导致中性点位置变化较小（如 8~16 h）；最后，在湿润锋到达桩端土之后，桩端土的压缩模量迅速减小，导致桩身沉降骤增，而桩周土沉降增加速率开始减缓（此时，桩侧大部分土体已经完成湿陷变形，而桩端土干密度较大，湿陷性很小），故中性点位置出现上移（如 16~20 h）。

利用第 4.4.3 节中改进的荷载传递法 MATLAB 程序，计算得到的桩身轴力和桩侧摩阻力如图 5.18 中虚线所示，可见计算值与试验值规律基本一致。

（3）桩顶沉降

入渗过程中桩顶沉降试验值和利用第 4.4.3 节中改进的荷载传递法 MATLAB 程序计算得到的桩顶沉降如图 5.19 所示，可见桩顶沉降随入渗时间的增加而逐渐增加，且增加速率逐渐增大。这是因为入渗导致桩侧出现负摩阻力，使桩端阻力逐渐增加（湿润锋未到达桩端时），桩端土变形增加，故桩顶沉降逐渐增加。在湿润锋到达桩端后（由第 5.4.1 节可知，16.6 h 时湿润锋到达桩端），桩端土体被浸湿，压缩模量迅速减小，导致沉降骤增，如 16 h 沉降为 5.97 mm，20 h 沉降骤增到 12.04 mm。

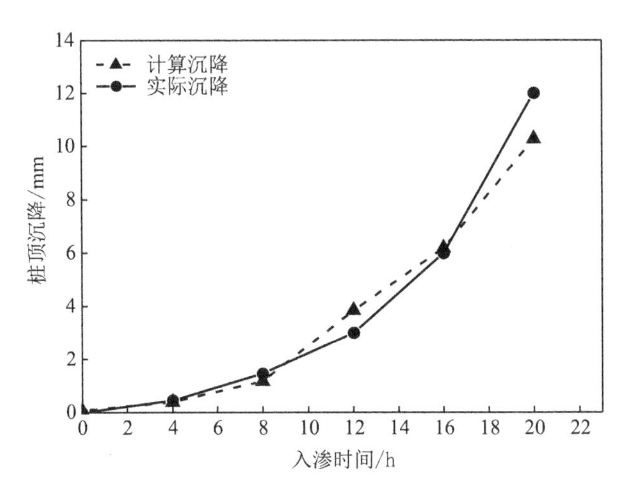

图 5.19 入渗过程中桩身轴力变化

5.5 本章小结

本章开展了湿陷性黄土中混凝土灌注桩入渗模型试验,对入渗过程中桩周土体体积含水量、桩周土体分层沉降、桩身轴力、桩顶沉降等进行监测,并将试验结果与第 3.4.2 节提出的湿陷性黄土增湿变形模型、第 4.4.3 节提出的适用于湿陷性黄土混凝土桩的荷载传递法计算结果进行对比,主要结论如下:

(1)入渗过程中湿润锋逐渐下移,下移速率随土层深度的增加而减缓。桩周土体各测点沉降规律相似,沉降均随入渗时间的增加而增大,测点出现沉降的时间与对应深度土层水分传感器读数开始变化的时间基本一致。

(2)桩身轴力在未入渗时随深度的增加逐渐减小,入渗开始后随深度的增加先增加后减小;桩侧摩阻力在未入渗时均为正值,入渗后上部桩侧摩阻力为负值,下部桩侧摩阻力为正值;中性点位置随入渗时间先下降后上升;桩顶沉降随着入渗时间逐渐增加,且增长速率逐渐增大。

(3)利用第 3.4.2 节提出的湿陷性黄土增湿变形模型计算桩周黄土湿陷量,第 4.4.3 节提出的适用于湿陷性黄土灌注桩的荷载传递法计算桩身轴力、桩侧摩阻力、桩顶沉降,并将计算结果与试验结果进行对比,计算值与试验值变化规律一致,数值相差不大。

第6章

未浸水湿陷性黄土中钻孔灌注桩承载特性模型试验研究

桩基试验可分为原位试验和模型试验。原位试验需要花费大量的人力、物力和财力,并且由于施工现场因素的影响,不能进行重复性试验。模型试验是基于工程实际情况,利用相似原理建立起来的基础试验,它可以充分模拟现场的受荷工况,并且具有成本低、耗时短、可操作性强,能够对桩基的破坏过程和结果进行直观的观察等优点,同时可以在有限的条件下进行大量的重复试验,节省大量的成本和时间。基于此,本章依据相似原理对模型试验所用模型箱及模型桩的材料、尺寸进行设计,选择合适的测量元件及加载装置,对试验方案进行设计优化,并对未浸水条件下湿陷性黄土中钻孔灌注桩注浆前后桩基的承载特性进行分析,研究桩端后注浆对桩基承载特性的提高效果。

6.1 模型试验方案设计

6.1.1 模型桩承载特性试验装置

本模型试验装置包括模型箱、模型桩、注浆装置、加载装置以及数据采集系统等。其中,对于模型箱和模型桩的选取与布置应满足最小桩距、粒径效应和边界效应3个方面的要求。

(1)最小桩距

在上部荷载的作用下,桩基会对桩周一定范围内的土体产生影响。美国石油学会认为,桩基对桩侧土体的影响范围为8倍桩径,即桩侧8倍桩径范围外的土体不会受到桩顶上部荷载作用的影响。由于本试验不研究多桩问题,故可以忽略最小桩距的影响。

(2)粒径效应

粒径效应是指模型试验中结构物尺寸与内部填料尺寸之比对承载力的影响作用。丹麦的Ovesen[173]通过试验证明了当模型桩直径大于粗粒土平均直径的30倍时,填料粒径就不会对基础承载力产生影响。Craig 认为结构物尺寸大于填料最大粒径 40 倍时,填料粒径的不相似不会对基础承载力产生影响。

(3)边界效应

在试验过程中,模型箱侧壁会对模型产生约束作用,即边界效应。本试验中模型桩的外径为 60 mm、内径为 50 mm,桩中心与模型箱后侧及左右两侧内壁的距离分别为600 mm和 400 mm,其距离之比都大于 3,桩端与模型箱底的距离为 1 m,故可忽略边界效应的影响。

6.1.1.1 模型箱设计

本模型试验根据最小桩距、粒径效应和边界效应来设计模型箱的尺寸。本试验模型箱采用长方体结构,总高度为 2.5 m,其中箱体内部有效尺寸为 0.8 m×0.6 m×2 m,反力架高度为 0.5 m,主体框架由刚性材料焊接而成。模型箱实物如图 6.1 所示。

图 6.1 模型箱实物图

为了能观察试验过程中模型箱的内部情况,采用厚度为 15 mm 的有机玻璃板作为模型箱的前侧侧壁。为了防止模型箱侧壁在土压力的作用下发生变形,左侧和后侧侧壁采用厚度为 3 mm 的钢板,右侧侧壁采用厚度为 5 mm 的钢板,底板采用厚度为 10 mm 的钢板,并在模型箱四周侧壁外侧焊接 60 mm×60 mm 的加劲肋角钢,以增加模型箱的刚度;并且为了方便压实土体,将右侧侧壁分割为 4 块高度为 50 cm 的组合钢板。为了便于对桩基进行加载,在箱体的正上方设置反力架装置,反力架上部设置尺寸为 50 mm×50 mm 的方管横梁,用于对桩基施加竖向荷载。

6.1.1.2 模型桩设计

(1)相似理论

相似理论是研究自然现象中个性与共性或特殊与一般的关系,以及内部矛盾与外部条件之间的关系的理论。在结构模型试验研究中,只有模型和原型保持相似,才能由模型试验结果推算出原型结构的相应结果,其理论基础包括相似的三个定理:相似第一定理(正定理)是对相似现象相似性质的一种说明,从数值上进行要求;相似第二定理(π 定理)用于研究模型试验如何正确推广,从物理系统进行要求;相似第三定理(逆定理)描述现象实现相似的依据,是构成现象相似的充要条件。

影响桩土相互作用下桩身应力和桩顶位移的主要因素有桩顶荷载、桩身截面、桩身入土深度、桩身弹性模量、桩周土弹性模量及容重。

①相似常数。相似常数又称相似系数、相似比、比尺、模型比,是原型与模型同类物理量之比。两相似体系间某一物理量的相似常数为某一固定值,另一对相似体系间该物理量的相似常数为另一个固定值,两者都是固定值,但彼此不一定相等。以下标 p 和 m 分别表示原型和模型的各物理量,C 表示相似常数,具体关系如下列表达式所示:

几何相似比

$$C_A = \frac{A_m}{A_p} \tag{6.1}$$

弹性模量相似比

$$C_E = \frac{E_m}{E_p} \tag{6.2}$$

应变相似比

$$C_\varepsilon = \frac{\varepsilon_m}{\varepsilon_p} \tag{6.3}$$

应力相似比

$$C_\sigma = \frac{\sigma_m}{\sigma_p} = \frac{E_m \varepsilon_m}{E_p \varepsilon_p} = C_E C_\varepsilon \tag{6.4}$$

土体容重相似比

$$C_\gamma = \frac{\gamma_m}{\gamma_p} \tag{6.5}$$

刚度相似比

$$C_{EA} = \frac{E_p A_p}{E_m A_m} = C_E C_A \tag{6.6}$$

②相似准则。由柱在集中荷载作用下的应力方程可建立模型试验与原型试验之间的相似准则：

$$\frac{C_{\mathrm{p}}}{C_{\varepsilon} C_{EA}} = 1 \tag{6.7}$$

式中，C_{p} 为桩身轴力相似比。

模型试验所用土体取自原型现场，一般满足 $C_{\gamma}=1$。

根据量纲分析法，下列物理量相似常数应满足：$C_{\varepsilon}=1$，$C_{\sigma}=C_{E}$。

模型试验中所用材料相似比可由上述相似准则确定。

(2)模型桩材料选取

模型桩材料的选取对模型试验的结果起着至关重要的作用，目前国内外模型试验常用的材料有木材、钢材、铜、铝合金、有机玻璃和混凝土等。王成华[175]总结国内外诸多模型试验，提出了模型桩材料选取应该遵循的三个原则：

①能适当地模拟桩与土的软硬差别；

②能适当地模拟桩、土介面的粗糙度；

③易于加工以及设置测试元件。

根据上述原则，因铝合金材料均质、连续、各向同性，导热性能好，泊松比与混凝土较为接近，故选取铝合金作为模型桩材料。

本试验原型桩为桩长 20 m、直径 1.2 m 的 C25 混凝土桩，桩身弹性模量为 28 GPa，长径比为 16.67。根据现有模型试验研究及模型试验需要，模型桩桩身材料采用铝合金空心管，弹性模量 72 GPa，外径 60 mm，壁厚 5 mm，内径 50 mm，长 1.15 m，其中入土有效长度 1 m。

根据相似理论，经过计算，该模型桩的几何相似比 $C_{A}=1309$，桩身弹性模量相似比 $C_{E}=0.389$，桩身刚度相似比 $C_{EA}=509$，桩身轴力相似比 $C_{P}=509$。

(3)模型桩桩身设计

模型桩使用铝合金空心管制作，采用全桩和半桩两种形式。为了便于观察在加载过程中桩端土体的破坏形态，采用半桩进行常规桩的静载试验，全桩主要用于桩端后注浆及黄土浸水湿陷试验。

试验采用的铝合金半桩如图 6.2(a)所示。将外径 60 mm、壁厚 5 mm、长 1.15 m的铝合金空心管沿轴线一分为二，试验时将半桩埋置在模型箱中部，剖面紧贴模型箱前侧有机玻璃板。为了便于加载，方便桩顶、桩端土压力盒布设，以及防止在试验过程中土体、水分及水泥浆液进入半桩内部影响试验结果，分别在桩顶及桩端设置堵块，在半桩剖面处设置长 1.15 m、宽 5 cm、厚 0.2 cm 的铝合金薄板封堵剖面，如图 6.2(b)所示，并用金属胶粘贴牢固。堵块总厚度 20 mm，嵌入桩身内部与外漏部分分别为直径 50 mm、厚 10 mm 与直径 60 mm、厚 10 mm 的半圆柱体，如

图 6.2(c)所示。

试验采用的全桩由外径 60 mm、壁厚 5 mm、长 1.15 m 的铝合金空心管沿轴线一分为二粘贴应变片后合并粘贴、加固而成,为了方便在桩端布设土压力盒,同时防止在试验过程中土体及浆液进入桩体内部影响试验结果,在桩顶及桩端设置总厚度为 20 mm 的变直径圆柱形铝合金全桩堵块,如图 6.2(d)所示。

基于桩端后注浆的需要,在桩体内设置注浆管,注浆管采用外径 10 mm、壁厚 1 mm、长 1.25 m 的铝合金管,如图 6.2(b)所示。为了方便注浆,注浆管在桩顶露出 5 cm,桩底露出 3 cm。

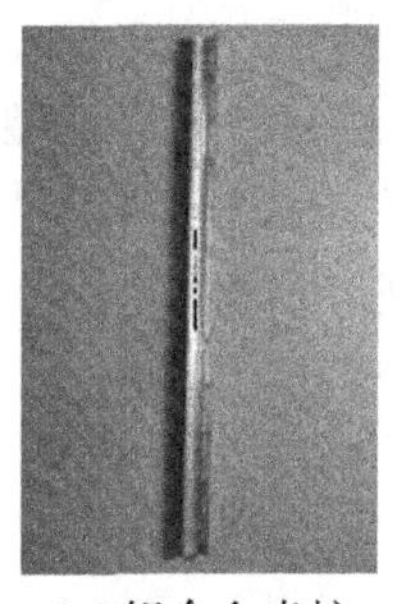
(a)铝合金半桩

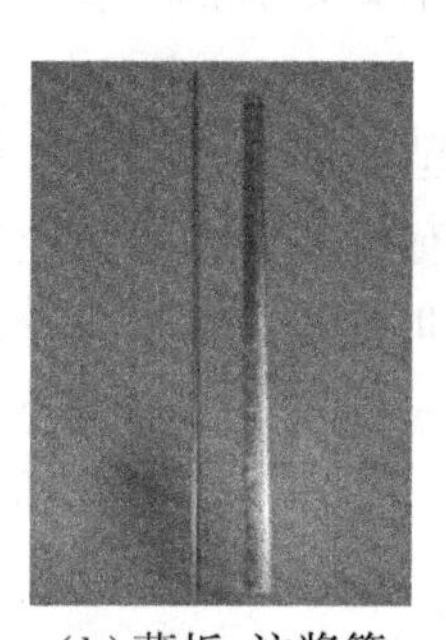
(b)薄板、注浆管

(c)半桩堵块

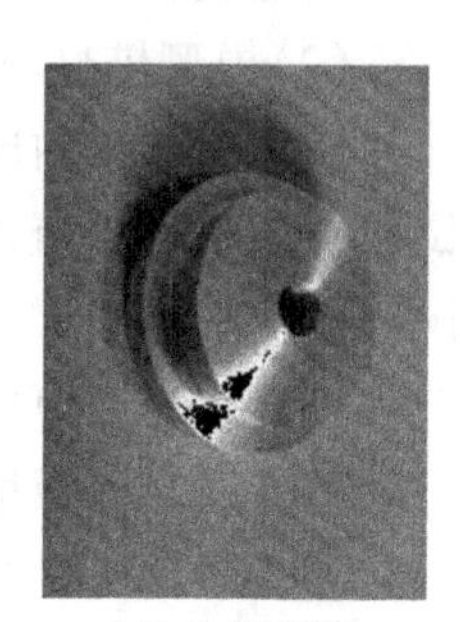
(d)全桩堵块

图 6.2　模型桩实物图

由于桩身粗糙程度是影响桩侧摩阻力的重要因素,所以采用桩身表面滚花的方法来控制桩身粗糙程度,以模拟桩、土界面之间的粗糙接触,桩身表面滚花前后对比如图 6.3 所示。

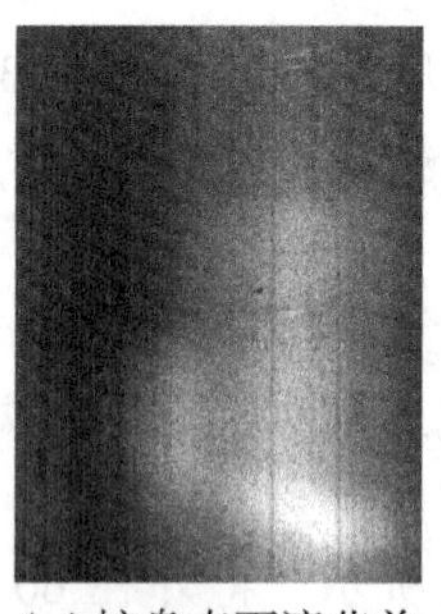
(a)桩身表面滚花前

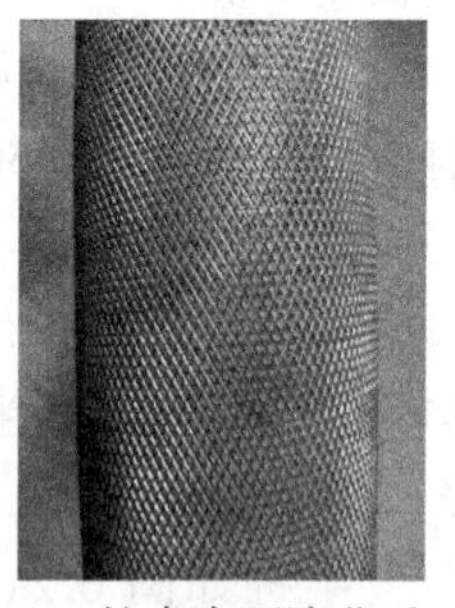
(b)桩身表面滚花后

图 6.3　桩身表面滚花前后对比图

6.1.1.3　注浆及测量系统

(1)根据本试验的需求,使用自主设计组装的注浆装置进行桩端后注浆,该装置主要包括压力系统(空气压缩机)、输压管、储浆罐、输浆管、压力表、阀门开关等,可以满足不同注浆压力和水灰比的要求。

注浆时使用输压管和输浆管分别将空气压缩机与储浆罐、注浆头连接，储浆罐为圆柱形，罐盖与桶体之间设置橡胶密封圈，使用4个螺栓连接，罐盖上设置压力表以控制注浆压力，输浆管通过阀门与储浆罐连接。注浆装置如图6.4所示。

(a)空气压缩机

(b)储浆罐

图6.4　注浆装置

(2)使用CM-2B型静态应变快速采集分析系统对应变片和土压力盒的数据进行采集，采集分析系统如图6.5所示，技术指标如表6.1所示。

图6.5　CM-2B型静态应变快速采集分析系统

表6.1　数据采集系统技术指标

名称	技术指标
测量点数	80点/箱
测量范围	±19 999 με
分辨率	1 με
测量误差	测量值的0.1%±2 μεFS
漂移	零漂(室温)<3 με/4 h，温漂<1 με/℃
测量速度	系统全部测点进行一次测量的时间约1 s(特殊要求可达0.2 s)

(3)称重传感器。

使用 DS220 称重传感器对拉压力传感器的数据进行采集,实时显示桩顶荷载的大小,DS220 称重传感器如图 6.6 所示,技术指标如表 6.2 所示。

图 6.6 DS220 称重传感器

表 6.2 DS220 称重传感器技术指标

名称	技术指标
测量精度	0.05%
采样速度	10 次/s 或 80 次/s
测量范围	-9999~29 500 με
通信	执行 ModbusRTU 协议

(4)应变片。

①应变片选择。本试验选用应变片型号为 BX120-5AA,应变片如图 6.7 所示,其技术指标如表 6.3 所示。

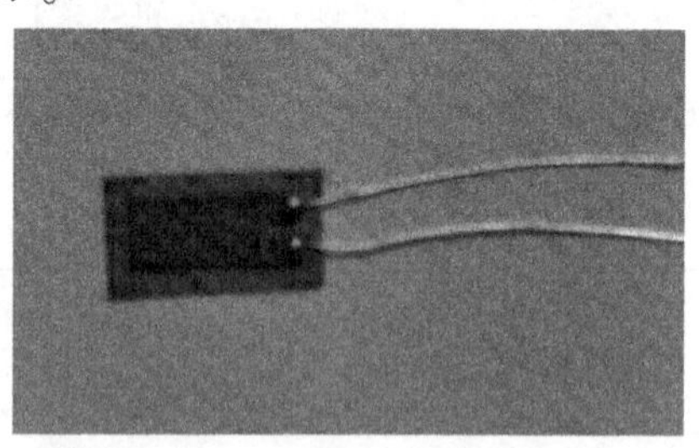

图 6.7 BX120-5AA 型应变片

表 6.3 BX120-5AA 型应变片技术指标

名称	敏感栅尺寸/mm	基底尺寸/mm	标称阻值	灵敏度系数	测量范围
技术指标	5×3	9×4	120 Ω	2.08±1%	1~20 000 με

②应变片布设位置。在半桩及全桩空心铝合金管内侧均对称粘贴两列应变片，最下端应变片距离桩端 100 mm，依次向上每间隔 100 mm 设置一个应变片，每列布置 10 个应变片。在封堵半桩剖面的铝合金薄板上端对称设置两个长 15 mm、宽 10 mm 的出线孔，在全桩模型桩顶部对称设置两个长 30 mm、宽 15 mm 的出线孔。半桩及全桩应变片及出线孔在桩身的分布如图 6.8 所示。

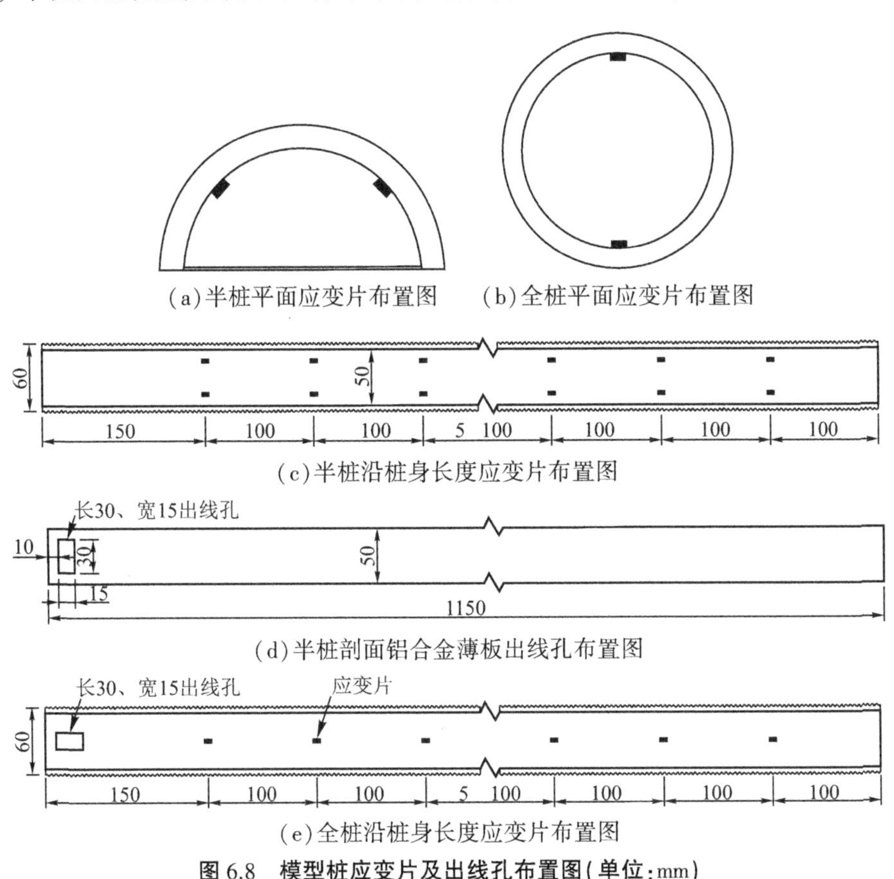

图 6.8　模型桩应变片及出线孔布置图(单位:mm)

③应变片布设方法：

a.首先使用数控机床将铝合金空心管一分为二，在距离铝合金管顶端 10 mm 处对称开出两个长 30 mm、宽 15 mm 的出线孔，在距离铝合金薄板顶 10 mm 处对称开出两个长 15 mm、宽 10 mm 的出线孔，然后对铝合金薄板和铝合金管进行清洗。利用弹线器在出线孔中心轴线位置沿桩长弹出定位线，用记号笔标记出应变片的粘贴位置。

b.用乙醇对应变片粘贴位置进行擦拭，去除污渍。然后在应变片粘贴位置用刷子涂抹一层薄薄的 502 胶水，将应变片轻轻放置于测点处，轻轻向下挤压，挤出应变片下多余的胶水和气泡,在粘贴过程中要始终保持应变片轴线与定位线重合。

c.为了防止应变片引出线在导线拉扯过程中断裂,使用接线端子。将接线端子粘贴在应变片上方约 1 cm 处,应变片引出线和细导线分别连接在接线端子两端。在应变片及接线端子表面涂抹环氧树脂,并覆盖塑料薄膜,以对其进行固定、绝缘及防潮处理。

d.将信号线从出线孔引出,同时将导线在接线端子附近做环形缠绕,以减弱拉扯力,防止导线与连接点脱离,并用仪器测试应变片是否正常工作,如图 6.9 所示。

(a)全桩

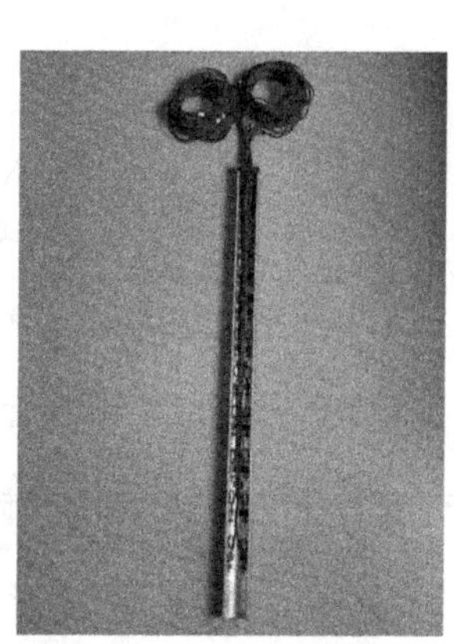

(b)半桩

图 6.9　信号线环形缠绕及引出详图

e.使用金属胶将两个半桩粘贴在一起,并利用堵块对两端进行封堵;为防止加载时桩身崩裂,使用喉箍对桩身进行加固。对于半桩,利用堵块和铝合金薄板进行封堵,如图 6.10 所示。

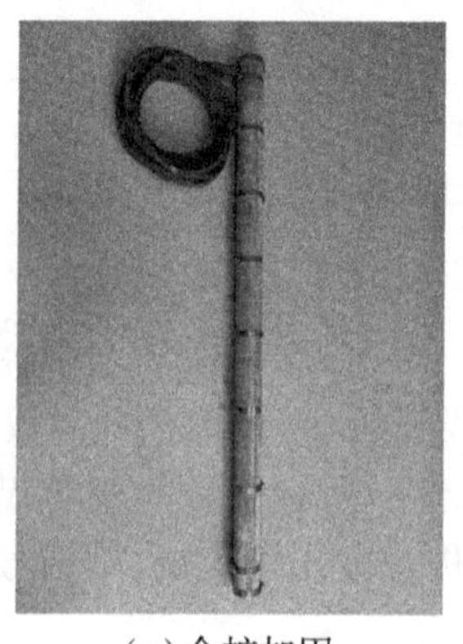

(a)全桩加固

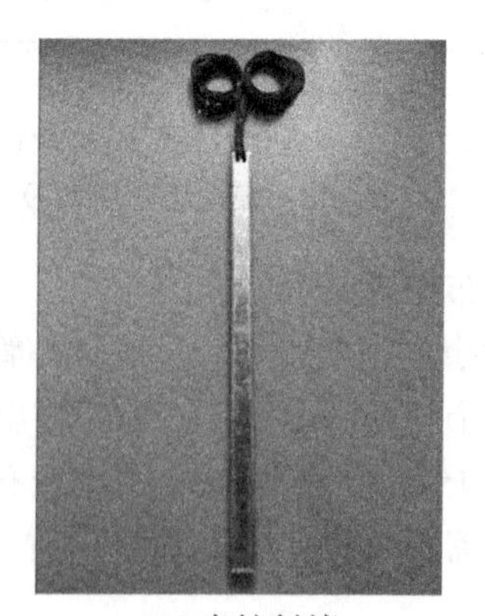

(b)半桩封堵

图 6.10　模型桩实物图

(5)土压力盒。

根据估算的模型桩极限承载力确定本次试验所用土压力盒量程为 1 MPa,如图 6.11 所示。试验时,土压力盒设置在桩端,用来测量在桩顶荷载作用下桩端阻力大小。根据加载及桩端后注浆的需求,本次试验所用土压力盒直径分别为 28 mm和 17 mm。为了保证试验的准确度,在布设土压力盒时需要对桩端及土压力盒表面进行清理,然后使用胶水将其粘贴牢固。

图 6.11　土压力盒实物图

(6)位移计。

本试验使用量程为 0~25.4 mm 的数显百分表来测量模型桩桩顶位移和桩周土体的湿陷沉降量,使用磁力表座对数显百分表进行固定,如图 6.12 所示。在桩顶对称设置两个数显百分表,取其算数平均值作为最终结果。

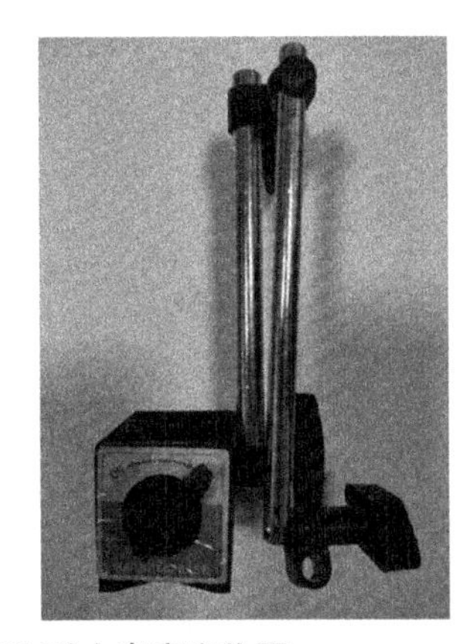

图 6.12　数显百分表和磁力表座实物图

(7)拉压力传感器。

试验过程中,在千斤顶与模型箱反力架之间设置拉压力传感器,对千斤顶的加载量进行监测,确保施加荷载量的准确性。拉压力传感器实物图及参数分别如图 6.13和表 6.4 所示。

图 6.13　拉压力传感器实物图

表 6.4　拉压力传感器参数表

传感器	测量范围	输出灵敏度	滞后	温度灵敏度漂移	零点温度漂移
拉压力传感器	0~1 T	2.0±10%mV/V	0.03%F · S	0.03%F · S/10 ℃	0.05%F · S/10 ℃

6.1.2　模型土体制备

本次模型试验用土为三门峡地区的湿陷性黄土，在取土现场采用环刀取样（见图 6.14）、密封，测得土体天然密度为 1.61 g/cm^3，天然含水率为 11.50%。为了更贴近现场实际情况，模型试验所用土体含水率按照天然含水率 11.50%配制。

(a)取样

(b)样品

图 6.14　环刀取样

将从工程现场运回的黄土摊铺、晾晒、风干，由于土体中掺杂有土块与杂物，在试验前将土体粉碎并过 2 mm 圆孔筛。对筛分后的土体加水拌和，按照试验测得的天然含水率控制加水量，然后将配制好的土体装入密封袋内养护 48 h，试验用土的制备过程如图 6.15 所示。

图6.15 试验用土制备过程

采用分层填土的方式在模型箱内填筑黄土,控制填土密度为1.61 g/cm³。当土体填至100 cm高度时定位桩心所在位置,放入模型桩,保证桩体的垂直度;继续分层填筑黄土,每层填筑厚度为10 cm。对于半桩,将空心铝合金半桩紧贴前侧有机玻璃板放入,为了减小半桩与有机玻璃板接触面之间的摩擦,在半桩剖面上涂抹一层凡士林。为了保证填土的密度和压实度,每层填筑前用电子秤称取所需重量的土体,并对每层土体压实后用水平尺测量,保证每层填土的平整度,并且为了使各层填土结合紧密,在每层土体表面进行拉毛处理。填筑完成后静置7天,使得土体在自重作用下压实。

6.1.3 模型试验工况

本书依据《建筑桩基技术规范》(JGJ 94—2008)[174]、《建筑基桩检测技术规范》(JGJ 106—2014)[176]、《公路桥涵地基与基础设计规范》(JTG 3363—2019)[177]等规范进行试验研究,未浸水湿陷性黄土中钻孔灌注桩承载特性模型试验共有2组,分别为未浸水条件下未注浆与桩端后注浆,具体工况如下,模型桩使用方案如表6.5所示。

(1)模型半桩S1在未浸水情况下进行竖向静载试验,研究桩身轴力、桩侧摩阻力及桩端阻力的变化规律,并得到桩基的极限承载力。

(2)在未浸水情况下对模型桩S2进行桩端后注浆,然后进行竖向静载试验,研究桩端后注浆对桩基承载特性的提高作用。

表 6.5　模型桩使用方案

模型桩编号	是否注浆	是否浸水
S1	否	否
S2	是	否

6.1.4　模型试验方法

(1)单桩极限承载力的确定

①单桩极限承载力。静载试验是确定单桩极限承载力常用的方法,按照《建筑桩基技术规范》(JGJ 94—2008)规定,参照钢管桩单桩竖向极限承载力计算公式,根据土的物理指标与承载力之间的经验关系,可按下式对单桩极限承载力进行估算:

$$Q_{uk} = Q_{sk} + Q_{pk} = u\sum q_{sik}l_i + \lambda_p q_{pk}A_p \tag{6.8}$$

式中,Q_{sk}、Q_{pk}为总极限侧阻力标准值和总极限端阻力标准值;u 为桩身周长;l_i 为桩周第 i 层土的厚度;A_p 为桩端面积;q_{sik}为桩侧第 i 层土的极限侧阻力标准值;q_{pk}为极限端阻力标准值;λ_p 为桩端土塞效应系数,对于闭口钢管桩,$\lambda_p=1$。

②桩端后注浆单桩极限承载力。对于桩端后注浆桩基,其单桩极限承载力可按下式进行估算:

$$Q_{uk} = Q_{sk} + Q_{gsk} + Q_{gpk} = u\sum q_{sjk}l_j + u\sum \beta_{si}q_{sik}l_{gi} + \beta_p q_{pk}A_p \tag{6.9}$$

式中,Q_{sk}为后注浆非竖向增强段的总极限侧阻力标准值;Q_{gsk}为后注浆竖向增强段的总极限侧阻力标准值;Q_{gpk}为后注浆总极限端阻力标准值;l_j为后注浆非竖向增强段第 j 层土厚度;l_{gi}为后注浆竖向增强段内第 i 层土厚度;q_{sik}、q_{sjk}、q_{pk}为后注浆竖向增强段第 i 层土初始极限侧阻力标准值、非竖向增强段第 j 层土初始极限侧阻力标准值、初始极限端阻力标准值;β_{si}、β_p 为后注浆侧阻力、端阻力增强系数,可按表 6.6 取值。

表 6.6　后注浆侧阻力增强系数 β_{si}、端阻力增强系数 β_p

土层名称	淤泥、淤泥质土	黏性土、粉土	粉砂、细砂	中砂	粗砂、砾砂	砾石、卵石	全风化岩、强风化岩
β_{si}	1.2~1.3	1.4~1.8	1.6~2.0	1.7~2.1	2.0~2.5	2.4~3.0	1.4~1.8
β_p	—	2.2~2.5	2.4~2.8	2.6~3.0	3.0~3.5	3.2~4.0	2.0~2.4

(2)加载方法

根据《建筑桩基技术规范》(JGJ 94—2008)规定,对于后注浆桩基承载力检验应在注浆20天后进行,加入早强剂可于注浆15天后进行。

对模型桩进行加载时,按照《建筑基桩检测技术规范》(JGJ 106—2014)要求,采用慢速维持荷载法使用千斤顶进行静载试验。采用分级加载、逐级等量加载的方式进行加载,并在千斤顶上放置一个压力传感器,用来控制每级加载量。加载等级共分为10级,每级为预估极限承载力的1/10,第一级加载量可取分级荷载的2倍。每级荷载施加后,在5、15、30、45、60 min记录桩顶沉降量,之后每隔30 min记录1次。每小时桩顶沉降量不超过0.1 mm,且连续出现2次(从分级荷载施加30 min后开始计算),则桩顶沉降处于稳定状态,可继续施加下一级荷载。

符合以下条件可终止加载:

①在某级荷载作用下,桩顶沉降量大于上级荷载作用下沉降量的5倍;

②在某级荷载作用下,桩顶沉降量大于上级荷载作用下沉降量的2倍,且在24 h内未处于稳定状态;

③已达到最大加载量且桩顶沉降已处于稳定状态。

(3)注浆参数的确定

桩端后注浆一般采用水泥浆液,综合考虑水泥浆液的流动性和可注性,通过前期对水泥浆液进行黏度、流动性及试注试验,确定本次试验采用P.O 42.5普通硅酸盐水泥,水灰比为0.8。

目前关于灌注桩后注浆压力的确定还没有一个统一的标准,根据《公路桥涵地基与基础设计规范》(JTG 3363—2019)的规定,对于饱和土层注浆压力宜为1.2~4 MPa,对于风化岩、非饱和黏性土及粉土注浆压力宜为3~10 MPa。这对于模型试验注浆压力显然过大,综合考虑模型桩尺寸、土体性质,结合试注试验,选取本次模型试验桩端后注浆压力为0.3 MPa,通过储浆罐上部压力调节阀将注浆压力稳定在0.3 MPa左右。

《建筑桩基技术规范》(JGJ 94—2008)中规定单桩桩端后注浆量按下式进行计算:

$$G_c = \alpha_p d \tag{6.10}$$

式中,G_c 为单桩注浆量;α_p 为桩端注浆量经验系数,$\alpha_p = 1.5 \sim 1.8$;d 为桩身直径。

利用该式计算得出单桩注浆量为45~54 L。对于该模型试验注浆量过大,因此此公式不适用于模型试验注浆量的计算。参考前人[178-179]模型试验经验,确定本模型试验桩端注浆量为3 L。

(4)试验数据整理

试验时使用拉压力传感器控制每级荷载的加载量,通过百分表观察桩顶位移,在数据稳定后,记录荷载值及应变采集仪数据,即可得到对应荷载的桩身不同测点处的应变值。通过桩顶位移及各测点的应变值可计算出桩顶沉降,以及桩身轴力、桩侧摩阻力和桩端阻力的分布情况。

①桩顶沉降。桩顶沉降主要指在各级荷载作用下桩顶的竖向位移,通过对称安装在桩顶的两个百分表进行数据采集,记录在每级荷载作用下桩基沉降稳定时百分表的数值,取其平均值作为桩顶沉降值。

②桩身轴力。在竖向荷载施加过程中,根据桩身应变和应力关系可进行轴力计算。

桩身压应力为

$$\sigma(z)=\varepsilon(z)\times E \tag{6.11}$$

式中,$\sigma(z)$为桩身压应力;$\varepsilon(z)$为桩身压应变;E 为模型桩的弹性模量。

则桩身轴力为

$$Q(z)=\sigma(z)\times A \tag{6.12}$$

式中,A 为模型桩的桩身横截面积。

③桩侧摩阻力。根据图 6.16 进行分析,桩的荷载传递微分方程为

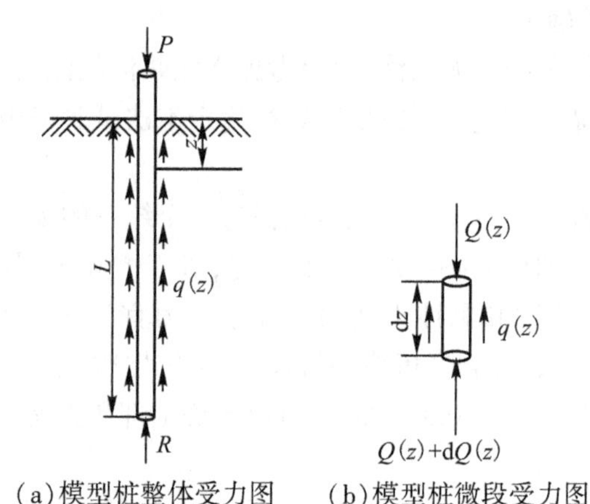

(a)模型桩整体受力图　(b)模型桩微段受力图

图 6.16　模型桩受力示意图

$$q(z)=\frac{1}{U}\frac{\mathrm{d}Q(z)}{\mathrm{d}z} \tag{6.13}$$

可简化为

$$q(z)=\frac{1}{U}\frac{\Delta Q(z)}{\Delta z} \tag{6.14}$$

将式(6.11)和式(6.12)带入式(6.14)有:

$$q(z)=\frac{1}{U}\frac{\Delta\sigma\cdot A}{\Delta z}=-\frac{A\cdot E}{U}\frac{\Delta\varepsilon}{\Delta z} \tag{6.15}$$

式中,$q(z)$为桩身分布摩阻力;U 为桩身周长;$\Delta Q(z)$为相邻两截面轴力变化量;Δz

为相邻两截面深度差;$\Delta\varepsilon$ 为相邻两截面应变变化量。

④桩端阻力。桩端阻力通过埋置在桩端的土压力盒测得的数值按照下式计算得出:

$$p = \sigma \cdot A \tag{6.16}$$

式中,σ 为桩端土压力测得的压应力;A 为桩端面积。

6.2 未浸水湿陷性黄土中模型试验过程

6.2.1 未浸水湿陷性黄土中模型桩静载试验过程

本试验主要研究湿陷性黄土中常规桩在桩周土体未发生湿陷的情况下,桩基的极限承载力、桩身轴力、桩侧摩阻力及桩端阻力的分布规律。为了更直观地观察加载过程中模型桩的沉降位移及桩端土体的破坏情况,本组试验采用常规半桩 S1。

依据规范和经验确定桩周填土为黄土时,桩基极限侧摩阻力标准值 q_{sik} 和极限端阻力标准值 q_{pk} 分别为 24 kPa 和 1200 kPa。

单桩入土桩侧面积:$A_z = \pi dh = 3.14 \times 0.06 \times 1 = 0.188\ 4(\mathrm{m}^2)$;

单桩截面面积:$A_p = \pi r_{外}^2 = 3.14 \times 0.03^2 = 0.002\ 882\ 6(\mathrm{m}^2)$。

故 $Q_{uk} = Q_{sk} + Q_{pk} = 24 \times 0.188\ 4 \times 10^3 + 1200 \times 0.002\ 826 \times 10^3 = 7\ 903.8(\mathrm{N})$,即预估湿陷性黄土中单桩极限承载力为 7 903.8 N,则预估半桩极限承载力 $Q_{uk} \approx 3\ 900$ N。

常规半桩 S1 埋深 1 m,桩底填土深度为 1 m,土体分层填筑,共 20 层。在模型箱侧壁上按照 10 cm 高度做分层标记,每层填土 77.376 kg,控制土体填筑密度为 1.61 g/cm³。常规半桩 S1 安置及土体填筑完毕后静置一周,使得土体在自重作用下压实,然后进行千斤顶、拉压力传感器、百分表及数据采集仪等仪器设备的安装,对数据测量元件进行检测,确保试验能够顺利进行。按照极限承载力计算值对常规半桩 S1 进行分级加载,记录试验数据。常规半桩 S1 静载试验如图 6.17 所示。

(a)试验准备阶段

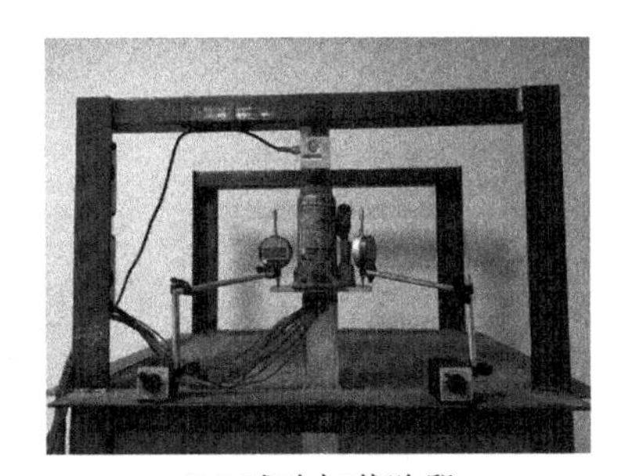

(b)试验加载阶段

图 6.17 常规半桩 S1 静载试验实景图

6.2.2　未浸水湿陷性黄土中后注浆模型桩静载试验过程

本试验对模型桩 S2 进行桩端后注浆，主要研究桩端注浆后桩身轴力、桩侧摩阻力、桩端阻力的变化规律，以及后注浆对桩基极限承载力的提高作用和桩端浆液的扩散情况。为了更直观地观察浆液在桩端土体中的扩散过程，本组试验首先尝试使用半桩进行注浆，但是结果并不能满足试验要求，所以最终使用全桩进行后注浆试验。下面对两次半桩后注浆尝试及全桩后注浆进行描述。

常规半桩 S1 静载试验结束后将仪器设备拆除，挖出模型箱中的土体及模型桩，采用烘干法检测土体的含水率。由于试验过程中会有少量水分蒸发，故需要对土体的含水率重新进行配制，以满足试验要求。为了满足桩端后注浆的需要，在模型桩内提前设置注浆管，如上文模型桩桩身设计部分所述，并且为了防止浆液渗入模型桩内，在桩端堵块与注浆管之间涂抹环氧树脂进行密封。按照上组试验的填土方式进行重配土体的填筑及模型桩的埋设。

为了能直观地观察浆液在桩端土体中的扩散情况，本组试验首先尝试使用半桩进行桩端后注浆，注浆过程及结果如图 6.18 所示。根据上文计算确定注浆压力为 0.3 MPa，注浆量为 3 L，浆液水灰比为 0.8。将注浆设备与注浆管进行连接，如图 6.18(a)所示。虽然模型桩半桩剖面与前侧玻璃板之间涂抹有凡士林，但是由于半桩与前侧玻璃板之间存在缝隙，在注浆过程中浆液会沿半桩与前侧玻璃板接触面进行扩散，如图 6.18(b)所示，无法满足试验要求。

所以，为了使浆液在桩端土体中扩散、消除半桩与玻璃板接触面之间缝隙对浆液扩散的影响，再次对前组半桩桩端后注浆试验进行改进，在桩侧设置横向支撑，如图 6.18(c)所示，该处理措施下浆液扩散情况如图 6.18(d)所示。处理后浆液几乎不向半桩与玻璃板接触面扩散，但是由于注浆管比较靠近前侧玻璃板，土体与玻璃板之间的接触面相对薄弱，所以浆液会挤压土体，优先沿土体与玻璃板之间的接触面扩散，很难在土体中扩散，浆液形成的凝固体最厚处达到 1 cm[见图 6.18(e)]，也无法达到试验目的。

(a)注浆设备连接

(b)浆液扩散结果

(c)桩侧横向支撑

(d)浆液扩散情况

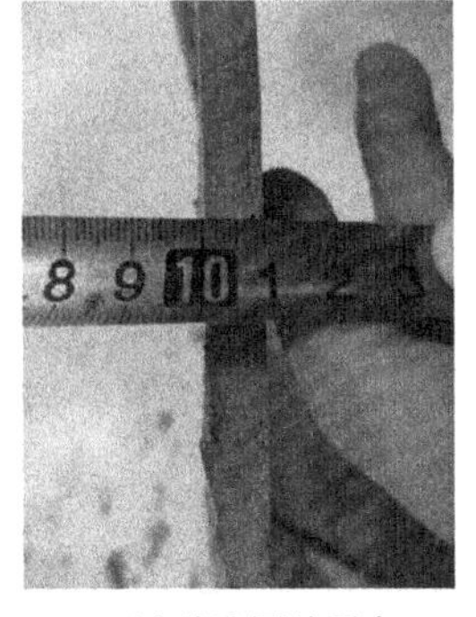

(e)浆液固结厚度

图 6.18　后注浆桩 S2 注浆试验实景图

上述两次试验表明,半桩桩端后注浆无法实现浆液在土体中扩散,故后续试验采用全桩进行,如图 6.19 所示。

本试验所用土体为黄土,根据规范要求,桩端后注浆桩基极限承载力计算时侧阻力增强系数取 1.4,端阻力增强系数取 2.2。根据常规半桩 S1 静载试验所得桩基极限承载力,计算可得后注浆桩极限承载力预估值约为 5 kN。根据规范要求,注浆 20 天后即可进行静载试验。故养护 20 天后,使用角磨机将桩顶外露注浆管打磨平整,连接各种测量仪器和设备,采用分级加载的方式对后注浆桩 S2 进行静载试验。

图 6.19　后注浆桩 S2 布置图

6.3　未浸水湿陷性黄土中模型试验桩基承载特性分析

6.3.1　极限承载力分析

桩基极限承载力的确定包括荷载-沉降(Q-s)曲线转折点法、沉降速率(s-

1g t)曲线法及经验法等方法，本书根据规范采用 Q-s 曲线及 s-lg t 曲线来对桩基竖向极限承载力进行判断。

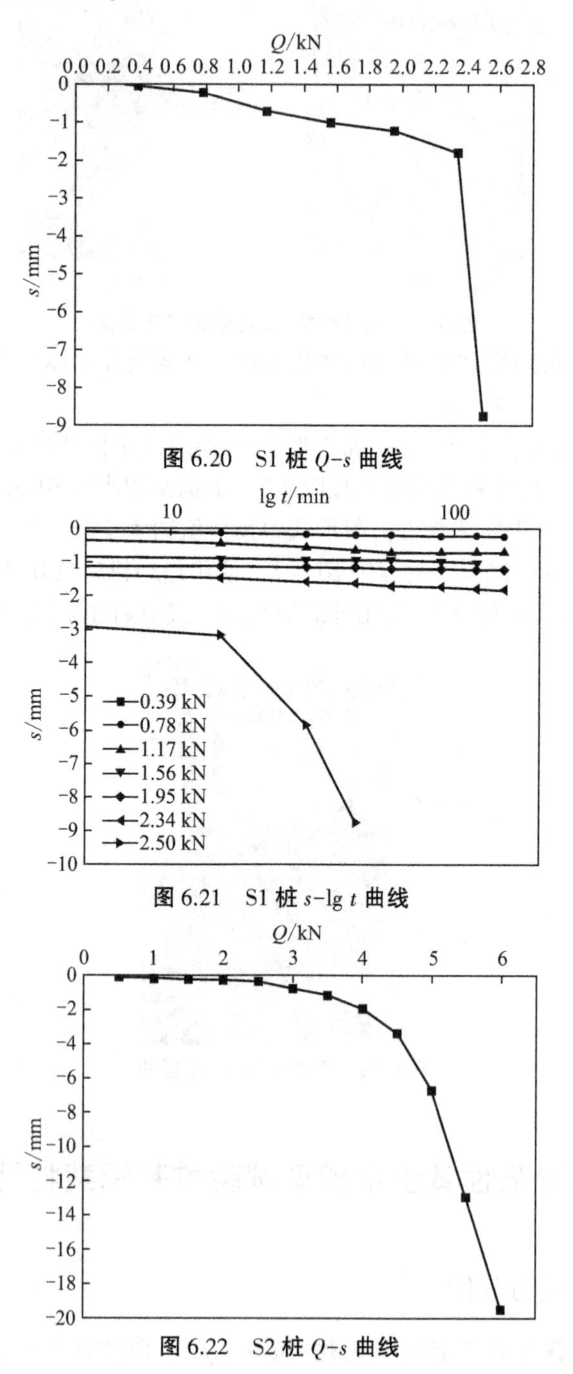

图 6.20　S1 桩 Q-s 曲线

图 6.21　S1 桩 s-lg t 曲线

图 6.22　S2 桩 Q-s 曲线

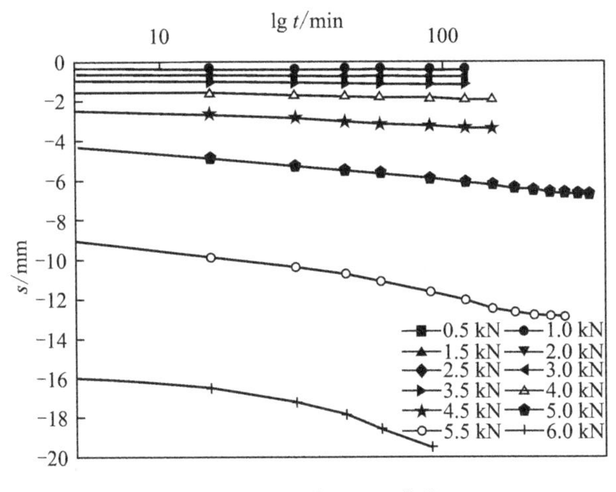

图 6.23 S2 桩 s-lg t 曲线

图 6.20~图 6.23 分别为常规半桩 S1 和后注浆桩 S2 的 Q-s、s-lg t 变化曲线，从 Q-s 曲线变化规律可以看出：随着荷载的增加，荷载与位移呈线性关系；当荷载增大到一定值时，荷载与位移缓变为非线性关系；随后，位移随荷载的增大而急剧增大，桩体系稳定状态破坏。

从图 6.20 S1 桩 Q-s 曲线可以看出，常规半桩 S1 最大加载量为 2.5 kN，当荷载施加到2.34 kN时曲线陡降，出现明显拐点。结合图 6.21 S1 桩 s-lg t 曲线可以看出，当荷载为2.5 kN时，s-lg t 曲线尾部明显向下弯曲，沉降位移陡增，故该半桩的极限承载力为2.34 kN。因该组试验为半桩试验，所以换算对应的单桩极限承载力为 4.68 kN。

从图 6.22 和图 6.23 后注浆桩 S2 的沉降变化曲线可以看出，该桩最大加载量为 6 kN，最大沉降为 19.5 mm。在加载至 5.0 kN 之后沉降位移明显增大，结合 s-lg t曲线可以看出，当荷载为 5.5 kN 时曲线尾端相对顺滑；当加载至 6.0 kN 时，曲线尾端明显下弯，沉降位移陡增。故可以判定后注浆桩的极限承载力为 5.5 kN，比常规桩的极限承载力增加约 17.5%。

6.3.2 桩身轴力分析

本模型试验对模型桩逐级施加竖向荷载，对应变采集系统测得的应变值利用式(6.11)和式(6.12)进行计算可得到桩体在不同加载等级下的轴力，并可绘制出不同加载等级下轴力沿桩身的分布曲线，如图 6.24 所示。

从图 6.24 可以看出，未浸水时，模型桩的轴力变化规律都表现为同一埋深处的轴力随着桩顶荷载的增大而逐渐增大，并且沿埋深呈现出逐渐减小的规律。

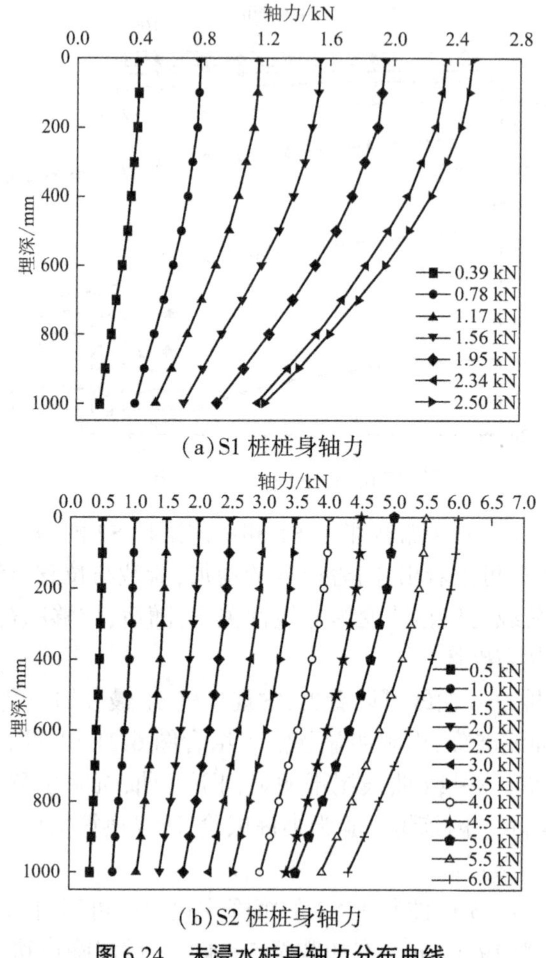

(a) S1 桩桩身轴力

(b) S2 桩桩身轴力

图 6.24　未浸水桩身轴力分布曲线

对于常规半桩 S1,当桩顶荷载较小时,桩身轴力沿埋深呈现线性变化的规律,随着桩顶荷载的增大,轴力沿桩体埋深减小的速率逐渐增大。这是因为在桩顶荷载的作用下,桩体发生弹性变形,桩土之间产生相对位移,使得桩侧土体对桩侧产生向上的摩阻力,桩顶荷载沿桩体向下传递过程中不断克服桩侧摩阻力的作用,使得桩身轴力沿埋深的增加逐渐减小。在较高桩顶荷载作用下,桩顶产生较大沉降位移,桩侧摩阻力发挥作用不断增强,从而使桩身轴力沿埋深减小速率逐渐增大,特别是桩身下半部分,这也表明在较高荷载作用下桩身下半部分桩侧摩阻力起主要作用。

对于桩端后注浆桩 S2,其桩身轴力沿埋深的变化规律与常规半桩 S1 一致,在桩顶荷载较小时,桩身轴力几乎呈线性变化,随着桩顶荷载的增加,桩身轴力的减小速率沿桩体埋深的增大而逐渐增大。但是与常规半桩 S1 相比,桩端后注浆增强了桩端阻力,使得桩身下半部分轴力变化曲线变缓,曲线底部较为分散,这也表明桩端后注浆可以有效控制桩身轴力的变化,改善桩身的受力状况。

6.3.3 桩侧摩阻力分析

本小节对未浸水时常规半桩 S1 和后注浆桩 S2 的桩侧摩阻力进行分析,由于桩侧摩阻力不能直接测得,故可根据桩身轴力大小及桩身截面参数利用式(6.14)和式(6.15)计算得到未浸水时常规半桩 S1 和后注浆桩 S2 在不同埋深处桩侧摩阻力随不同加载等级变化的关系曲线,如图 6.25 所示。

桩侧摩阻力由桩身轴力换算得到,所以桩身轴力的变化规律可以反映桩侧摩阻力沿桩体埋深的分布。由图 6.24 可知,未浸水时,桩身轴力沿桩体埋深的增加逐渐减小,说明桩侧正摩阻力开始逐渐发挥作用。

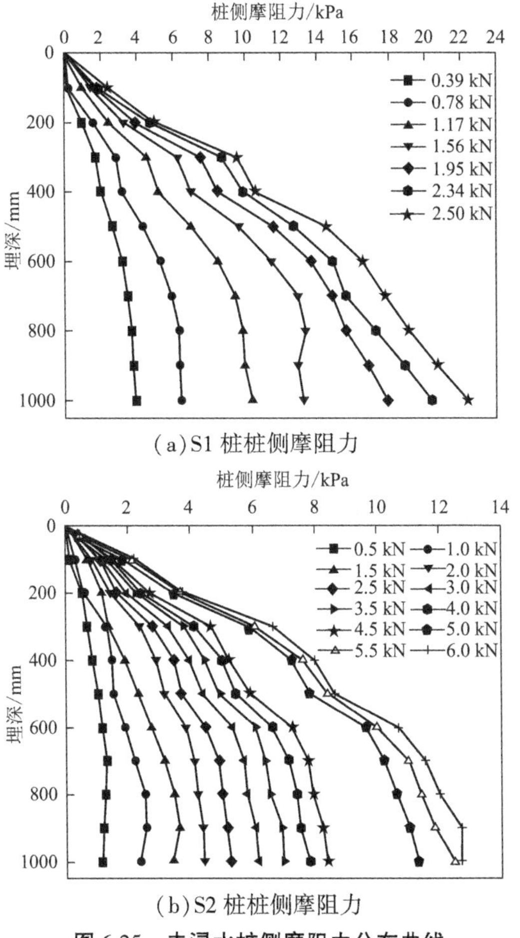

(a) S1 桩桩侧摩阻力

(b) S2 桩桩侧摩阻力

图 6.25 未浸水桩侧摩阻力分布曲线

由图6.25(a)可知,对于常规半桩S1,桩侧摩阻力沿桩体埋深的增加逐渐增大,呈非线性的变化规律,同一埋深处的桩侧摩阻力随着桩顶荷载的增加而不断增大,并且桩侧摩阻力的发挥是一个异步的过程,桩身上部侧摩阻力先于下部侧摩阻力发挥作用,随着桩顶荷载的增加,桩身下部侧摩阻力作用才开始逐渐发挥出来,并且在相邻荷载作用下,桩身下部侧摩阻力增量大于桩身上部,这也说明模型桩桩侧摩阻力的发挥是自上而下的。桩顶荷载较小时,桩侧摩阻力沿桩体埋深的增加逐渐增大,但增幅较小,随着荷载的增加,桩身下部侧摩阻力明显增大,但在达到一定值后逐渐趋于稳定。在桩顶荷载较大时,桩身下部侧摩阻力明显呈现逐渐增大的趋势。这是因为桩顶荷载较小时,桩体上部压缩,桩土相对位移较小,荷载主要被上部桩侧摩阻力抵消,使得下部桩侧摩阻力增长较小。随着桩顶荷载的增加,桩土之间的相互作用不断增强,桩土之间产生较大位移,桩侧摩阻力不断增加。当桩顶荷载增加到一定程度时,桩端会发生刺入破坏,此时荷载主要由桩侧摩阻力承担,故在桩端上部桩侧摩阻力会明显增大。

由图 6.25(b)可知,对于桩端后注浆桩 S2,桩侧摩阻力沿桩体埋深的分布规律与常规半桩 S1 类似,都呈现出从上到下逐渐增大的趋势,但在每级荷载作用下,桩身下部侧摩阻力相比 S1 桩更加趋于稳定,即从上至下桩侧摩阻力增幅较小,并且在桩顶荷载较大时,荷载增大不多时桩侧摩阻力就急剧增加。这是因为桩端后注浆增强了桩端阻力,使得原本由桩侧摩阻力承担的部分荷载转由桩端阻力承担,故后注浆桩 S2 桩端部分桩侧摩阻力增幅较常规半桩 S1 要小。但是,随着桩顶荷载的增大,桩端部位的桩侧摩阻力逐渐发挥作用,故在桩顶荷载增大不多时,桩侧摩阻力急剧增大。总的来说,后注浆桩 S2 较常规半桩 S1 侧阻力的发挥更为稳定。

6.3.4 桩端阻力分析

图6.26为未浸水时常规半桩S1和后注浆桩S2桩端阻力随桩顶荷载变化的关系曲线,图中曲线斜率的大小代表桩端阻力的发挥状况。

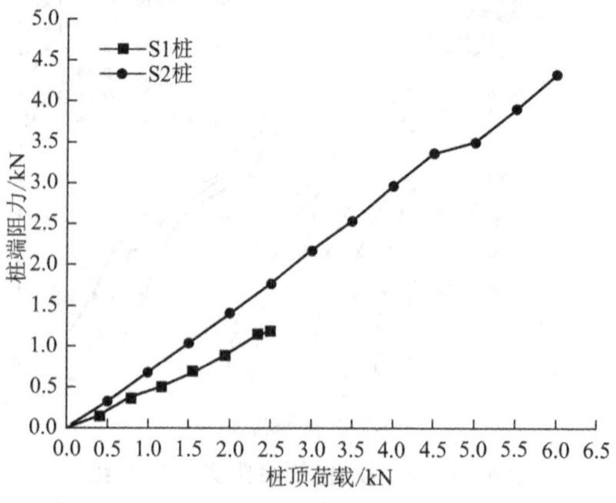

图 6.26 S1、S2 桩桩顶荷载与桩端阻力的关系

从图6.27桩顶荷载与桩端阻力关系曲线可知，当桩顶荷载较小时，常规半桩S1和后注浆桩S2桩端阻力发挥性状差异较小，随着桩顶荷载的增加，S1桩与S2桩桩端阻力差值逐渐增大。当桩顶荷载大于2.34 kN时，常规半桩S1桩端阻力几乎不变，此时S1桩桩端已发生刺入破坏，而后注浆桩S2桩端阻力变化曲线较为均匀，这是因为后注浆提高了桩端土体的强度，这也表明了后注浆可以明显提高桩基的极限承载力。

6.4 本章小结

本章对模型桩在未浸水时桩端注浆与未注浆两种情况进行竖向静载试验，对桩基的极限承载力、桩身轴力、桩侧摩阻力及桩端阻力等承载特性进行对比分析，得到如下结论：

（1）通过对常规桩和桩端后注浆桩的静载试验结果分析可知，桩端后注浆对桩基的承载能力有明显提高，该模型试验中桩端后注浆桩比常规桩的极限承载力提高了约17.5%。

（2）通过对桩身轴力的试验结果进行分析可知，未浸水时，桩身轴力沿桩体埋深逐渐减小，但后注浆桩轴力的减小速率小于常规桩，曲线底部较为分散，表明桩端后注浆可以有效地控制桩身轴力的变化，改善桩身的受力状况。

（3）桩端后注浆前后桩侧摩阻力均呈非线性的分布规律，未浸水时，桩侧摩阻力沿桩体埋深的增加逐渐增大，且后注浆桩在桩体下部侧摩阻力的增幅较常规桩小，表明后注浆桩侧摩阻力的发挥更为稳定。

（4）通过对未浸水时常规桩桩端注浆前后桩端阻力的变化情况进行分析可知，后注浆桩的桩端阻力性状发挥较为明显，这说明后注浆增强了桩端土体的强度，使得桩端阻力的发挥优于常规桩。

第7章

浸水时湿陷性黄土中钻孔灌注桩承载特性模型试验研究

本章在第6章的试验基础上进行浸水时湿陷性黄土中钻孔灌注桩承载特性模型试验研究，分析在竖向荷载及浸水作用下不同埋深处土体体积含水量、桩顶及各土层浸水沉降，以及桩身轴力、桩侧摩阻力和桩端阻力等承载特性的变化规律，并与未浸水时桩基的承载特性进行对比，得到黄土的湿陷及桩端后注浆对湿陷性黄土中桩基承载特性的影响。

7.1 模型试验方案设计

本章模型试验在依据规范、试验原理、模型箱设计、模型桩设计及数据采集和测量元件的选择与布置、试验方法等方面与第6章基本相同，故在此处不做赘述。

7.1.1 模型试验工况

浸水时湿陷性黄土中钻孔灌注桩承载特性模型试验共有2组，分别为浸水条件下未注浆与桩端后注浆，具体工况如下，模型桩使用方案如表7.1所示。

(1)先对模型桩S3施加单桩极限承载力特征值的荷载，维持不变，进行浸水试验，研究黄土的湿陷对桩身轴力、桩侧摩阻力、桩端阻力的影响规律。

(2)先对模型桩S4进行桩端后注浆，然后施加未浸水时后注浆桩基极限承载力特征值的荷载，维持不变，再进行浸水试验，研究桩端后注浆对湿陷性黄土中桩基承载特性的影响。

表7.1 模型桩使用方案

模型桩编号	是否注浆	是否浸水
S3	否	是
S4	是	是

7.1.2　测量系统

本章模型试验为浸水时湿陷性黄土中钻孔灌注桩承载特性试验,需要对浸水时模型箱内不同深度土层体积含水量及湿陷沉降量进行监测,故需要在第6章试验设计的基础上增加体积含水量及土体湿陷沉降测量装置。

(1)土壤湿度传感器数据采集装置

使用DTU智能网络终端对土壤湿度传感器的数据进行采集,实时数据可上传至云平台,方便随时查看,DTU智能网络终端如图7.1所示。

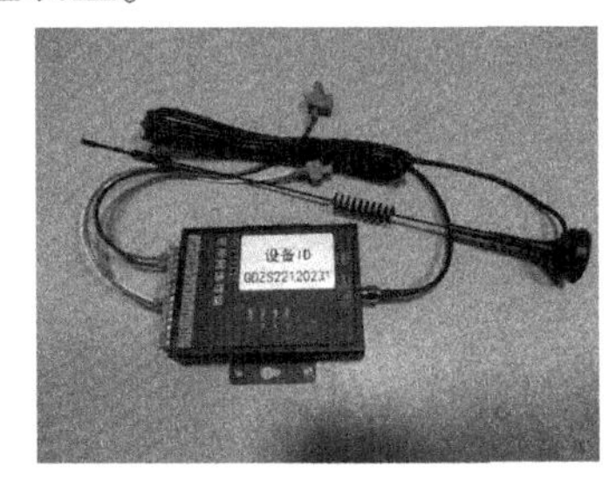

图7.1　DTU智能网络终端

(2)土壤湿度传感器

本试验采用郑州厂家生产的RS485土壤湿度传感器来测量在入渗过程中土体体积含水量的变化情况及水分入渗深度。填土时,在土体埋深25 cm、50 cm、75 cm和100 cm处共埋设4个土壤湿度传感器。当水分在土体中发生入渗时,不同深度处土壤湿度传感器示数会发生变化,当水分入渗到桩端位置时,桩端位置处传感器也会发生明显变化,此时停止入渗。

传感器及其埋设分别如图7.2和图7.3所示,参数如表7.2所示。

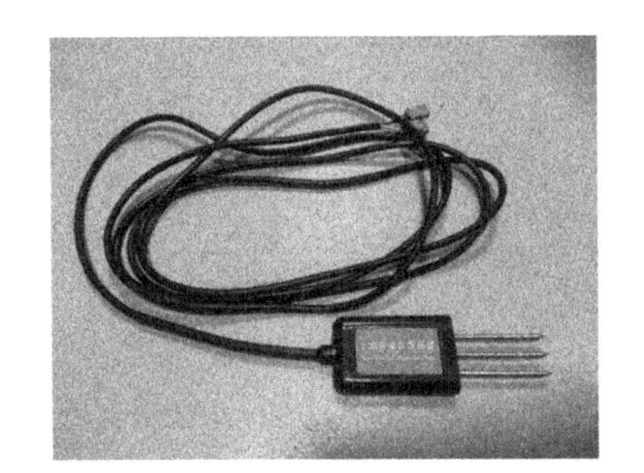

图7.2　土壤湿度传感器

图7.3　土壤湿度传感器埋设

表7.2　传感器参数表

传感器型号	测量范围	分辨率	精度
RS485土壤湿度传感器	0~100%VWC	0.1%VWC	±3%VWC

(3)沉降标

试验中为了观测在入渗过程中不同深度土体的沉降量,沿桩身不同深度位置埋设由外径16 mm的PVC管、外径10 mm的铝合金管和边长5 cm的正方形铝合金板制成的沉降标,如图7.4所示。在土体表面及深度为25 cm、50 cm、75 cm、100 cm处共设置5个沉降标,并使用磁力表座在各沉降标顶各设置一个百分表。

沉降标布置如图 7.5 和图 7.6 所示。

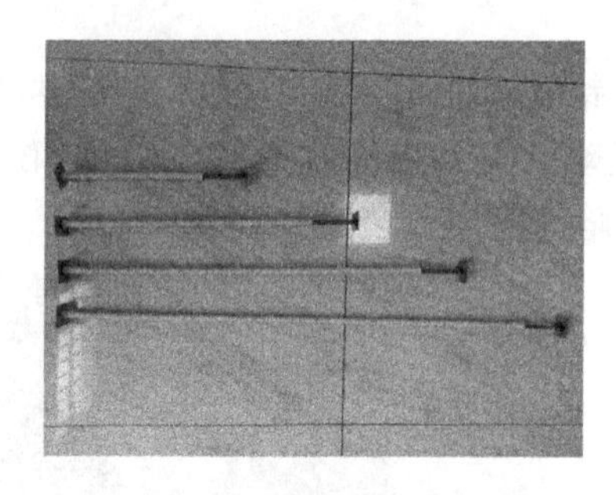

图 7.4　沉降标实物图

图 7.5　沉降标埋设图

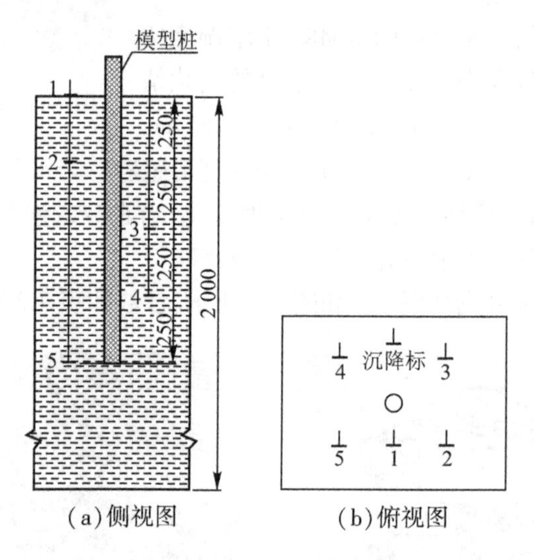

(a)侧视图　　(b)俯视图

图 7.6　沉降标布置示意图(单位:mm)

7.2　浸水时湿陷性黄土中模型试验过程

7.2.1　湿陷性黄土中模型桩浸水试验过程

本试验主要研究桩基在维持工作荷载情况下,桩周土体浸水发生湿陷时桩身轴力、桩侧摩阻力、桩端阻力、中性点等的分布规律,土体体积含水量及各深度土层湿陷量随浸水时间的变化规律,从而探究桩周土体发生湿陷对桩基承载特性的影响。

未浸水试验结束后,将土体、模型桩及测量元件等从模型箱中取出,整理测量元件,重塑土体,重新粘贴应变片。按照与未浸水时相同的填筑方式进行土体的填筑，即填土密度 1.61 g/m^3，含水率 11.50%，每层填筑厚度 10 cm，模型桩入土 100 cm，桩端以下土层厚 100 cm。此外，为了监测入渗过程中土体含水量的变化及土体湿陷沉降情况，分别在埋深 100 cm、75 cm、50 cm 和 25 cm 处埋设沉降标和土壤湿度传感器。待土体填筑完成后对各种测量元件及采集设备进行校准，校准无误后进行竖向加载。

采用分级加载的方式将荷载施加至未浸水时单桩极限承载力特征值，维持不变，待桩体沉降稳定后进行浸水试验。采用人工加水的方式，使用洒水壶从土体顶部均匀向模型箱内洒水，以免土体结构被外力破坏，并保证液面高度始终高于土体表面 2~3 cm。同时对各种测量元件进行观测，记录浸水时不同时刻土体体积含水量、土体湿陷量、桩顶沉降及桩身应变等变化情况。浸水前及浸水过程如图 7.7 和图 7.8 所示。

图 7.7　桩周土体浸水前

图 7.8　桩周土体浸水过程

7.2.2　湿陷性黄土中后注浆模型桩浸水试验过程

本试验主要研究桩端后注浆桩基在维持工作荷载情况下，桩周土体浸水发生湿陷时桩身轴力、桩侧摩阻力、桩端阻力、中性点等的分布规律，以及土体体积含水量及各深度土层湿陷量随浸水时间的变化规律，从而探究桩周土体发生湿陷对桩基极限承载力的影响、后注浆对湿陷性黄土中桩基承载力的提高作用及桩端浆液的扩散情况。

湿陷性黄土中模型桩浸水试验结束后，将模型箱清理干净，重新对模型桩进行处理，在桩体中心埋设一根内径 8 mm 的铝合金空心管作为注浆管。按照上文试验方法重新配制、填筑土体，待土体、模型桩、沉降标及土壤湿度传感器埋设完毕后使用注浆装置对桩端进行注浆，养护 20 天后即可进行后续静载及入渗试验。

加载时，将桩顶荷载分级施加至未浸水时后注浆桩 S2 极限承载力特征值，并维持不变，等到桩顶沉降稳定后开始进行入渗试验。入渗时保持模型箱内水头高度不变,并对入渗过程中桩顶沉降、桩身应力、各土层体积含水量和湿陷量的变化进行记录。桩周土体浸水过程及浸水后如图 7.9 和图 7.10 所示。

图 7.9　桩周土体浸水过程

图 7.10　桩周土体浸水后

7.3　浸水时湿陷性黄土中模型试验桩基承载特性分析

7.3.1　不同深度土体体积含水量变化规律

自桩端位置向上每隔 25 cm 埋设一个土壤湿度传感器,共设置 4 个,测定在入渗过程中不同埋深土体体积含水量随浸水时间的变化规律,根据试验数据绘制入渗过程中不同埋深土体体积含水量变化曲线,如图 7.11 所示。

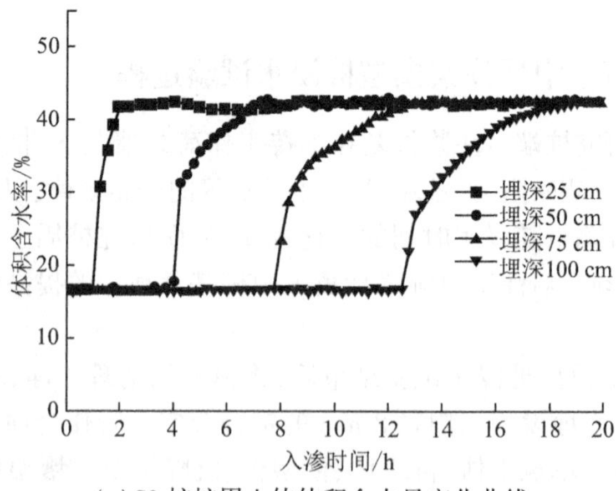

(a)S3 桩桩周土体体积含水量变化曲线

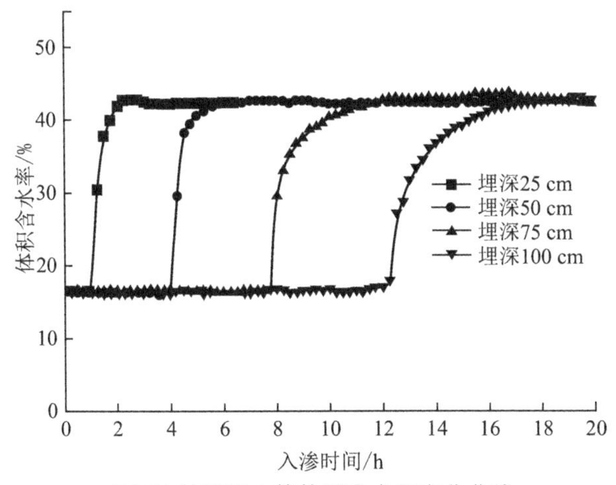

(b) S4 桩桩周土体体积含水量变化曲线

图 7.11 不同埋深土体体积含水量变化曲线

图 7.11 所示为 S3 桩和 S4 桩桩周土体浸水时不同埋深土体体积含水量变化情况，两组试验所用土体的初始含水率、压实度等均相同，故其变化规律应保持一致，可互相进行验证分析。

浸水前，不同埋深处土体体积含水量均为 17%左右，开始浸水后，随着入渗时间的增加，不同埋深处体积含水量开始发生变化。由图 7.11 可知，S3 桩桩周土体从开始浸水到桩端土体饱和历时约 18.5 h，S4 桩历时约 17.5 h，误差较小，不影响结果的分析。对于不同埋深的土体，其体积含水量和湿润锋面的变化规律略有差异。由图 7.11(a)可知，埋深 25 cm 处土体从浸水后 1 h 体积含水量开始发生明显变化，历经 1.5 h达到饱和；埋深 50 cm 处土体体积含水量从浸水后 3.75 h 开始增大，历经 3.75 h 达到饱和；埋深 75 cm 处土体体积含水量从浸水后 7.75 h 开始增大，历经 5.25 h 达到饱和；埋深 100 cm 处土体体积含水量从浸水后 12.5 h 开始增大，历经 6 h 达到饱和，并且，随着埋深的增加，湿润锋面到达不同测点的时间逐渐增加。

陈默涵等[180]通过对黄土地基中水分入渗的规律进行试验研究，发现水分在土体中水平方向的渗透只靠基质吸力的作用，而竖直方向的渗透主要靠重力和基质吸力的共同作用。从本书第 3 章土水特征曲线试验结果可知基质吸力与土体体积含水量的变化关系曲线。由土水特征曲线可知，在入渗过程中，体积含水量较小时，所对应的土体基质吸力较大，随着体积含水量的增加，基质吸力急剧减小；在体积含水量增大到一定程度后，基质吸力减小速率变小。而基质吸力反映了土基质对水的吸持潜能，基质吸力越大，土基质吸水能力越强。所以对于不同埋深处的土体，初始体积含水量较小、基质吸力较大，在水分的浸润作用下，体积含水量迅速增大，随着体积含水量的增大，土基质吸力减小，吸水能力减弱，体积含水量增长变缓。

同时，因为浸水前期土体体积含水量小，吸水性较大，入渗路径较短，土体中的孔隙与大气连通,孔隙中气体可自由逸出,对水分入渗的阻碍较小[181],在水分的入渗作用下,上部土体很快达到饱和。但是随着深度的增加,水分沿土体中孔隙向下入渗的路径逐渐增大,受到的黏滞阻力随入渗路径的增大而增大,并且在上部水头固定的情况下,入渗到土体中的水分也阻碍了水分的流动,使得水分向下入渗的驱动势能逐渐减小,入渗速度减小。在入渗过程中,土体孔隙中的空气被水分不断向下驱赶,当水分入渗的速率大于空气逃逸率时,土体中湿润锋面以下的空气被逐渐压缩,使气压势能增加,导致水分运动的总势能逐渐减弱,入渗速率也逐渐减小[182]。所以埋深越大的土体达到饱和所需的时间越长,湿润锋面在相邻测点之间移动所需时间也就越长。S4 桩浸水过程中不同埋深体积含水量变化规律与 S3 桩相似。

总的来说,浸水过程中土体体积含水量的变化主要经历以下三个阶段:①开始浸水后,湿润锋面还未到达该深度,此时体积含水量保持不变;②随着入渗时间的增加,湿润锋面到达该深度后,体积含水量急剧增大;③当体积含水量增大到一定程度时,开始进入缓慢增长阶段,直至土体饱和,最终趋于稳定。

7.3.2 桩顶及各土层浸水沉降变化规律

对 S3 桩和 S4 桩进行的浸水试验共分为两个阶段:首先在桩顶分级施加荷载至桩基极限承载力特征值,并维持该荷载不变;然后待桩体沉降稳定后在土体顶部人工加水,并保持土体表面水头不变,进行入渗试验,使得桩周土体自上而下发生湿陷。

图 7.12 所示为 S3 桩和 S4 桩桩顶在极限承载力特征值荷载作用下,桩周土体浸水过程中桩顶及不同埋深处土层沉降量随浸水时间的变化曲线。试验中,S3 桩和 S4 桩埋深均为 100 cm,S3 桩从 26 h 开始浸水,记录了从开始试验到埋深 100 cm 处桩端土体饱和过程中的沉降,S4 桩从 27 h 开始浸水,记录了从开始试验到入渗深度为 200 cm 过程的沉降变化。

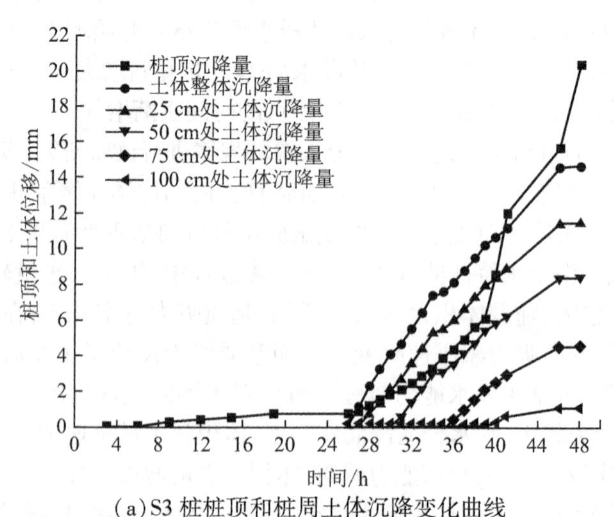

(a) S3 桩桩顶和桩周土体沉降变化曲线

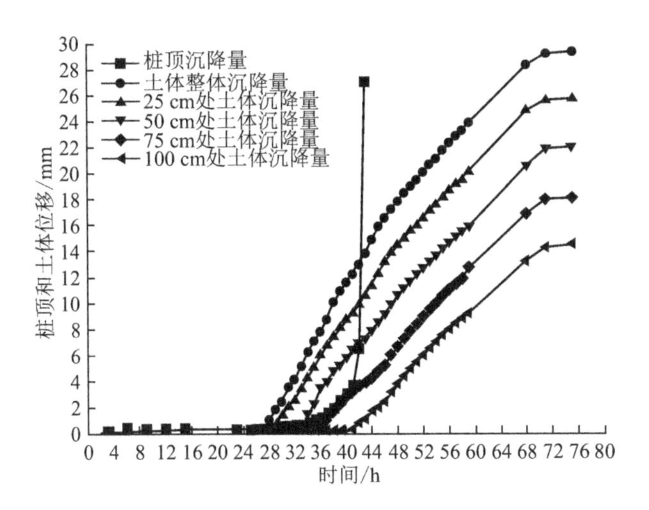

(b)S4 桩桩顶和桩周土体沉降变化曲线

图 7.12 桩顶和土体沉降变化图

从图 7.12 可以看出,浸水前,在桩顶荷载的作用下,S3 桩和 S4 桩桩顶沉降分别为 0.74 mm、0.41 mm,桩周土体各埋深处沉降标数值未发生变化。埋深 100 cm 处桩端土体饱和时,S3 桩和 S4 桩土体表面,埋深 25 cm、50 cm、75 cm、100 cm 处土体沉降分别为 14.57 mm、11.43 mm、8.35 mm、4.52 mm、1.07 mm 和 14.89 mm、11.41 mm、7.95 mm、4.32 mm、1.76 mm,两组试验在相同的浸水条件下,不同的埋深土体湿陷沉降量相近,也验证了该试验的正确性。

浸水初期,顶部土体首先开始发生湿陷,随着水分的不断入渗,下部土体结构和容重随含水率的增加不断变化,进而使土体从上至下逐渐发生湿陷。随着桩周土体的湿陷,在桩顶荷载的作用下桩顶沉降也不断增加,并且,不同埋深处土体沉降变化规律大致相同,均经历快速—缓慢—稳定的变化过程。这是因为水分入渗到某一深度时,该深度土体结构在水的浸润作用下迅速发生破坏,剧烈发生湿陷,产生较大沉降,随着土体结构趋于稳定,湿陷变形也逐渐变缓,最终不再产生湿陷变形。从含水率与基质吸力之间的关系方面来说,在含水率较低时,基质吸力较大,土颗粒之间的摩擦力也较大,土体结构较为稳定。在水分的入渗作用下,含水率急剧增大,基质吸力急剧减小,使得土颗粒之间的胶结力减弱,抵抗外力的能力减弱,颗粒骨架结构崩塌,故浸水前期土体会迅速发生湿陷。

桩顶沉降随桩周土体的湿陷而不断增加的原因为桩周土体发生湿陷导致桩侧上部正摩阻力转变为向下的负摩阻力,使得桩体受到的外部荷载逐渐增大,进而桩顶沉降随着桩周土体湿陷量的增大而逐渐增大。

浸水过程中,在桩顶荷载的正常作用下,S3 桩桩顶沉降量介于埋深 25 cm 与 50 cm 处土体沉降量之间,S4 桩桩顶沉降量介于埋深 50 cm 与 75 cm 处土体沉降量之间,根据桩土相对位移关系可判断两桩的中性点分别位于对应两土层之间,与下文根据轴力、桩侧摩阻力确定的中性点位置一致。

7.3.3 桩身轴力分析

本模型试验进行先加载后浸水湿陷试验,对应变采集系统测得的应变值利用式(6.11)和式(6.12)进行计算,可得到桩身在不同加载等级和浸水时间下的轴力,并可绘制出桩身在不同加载等级和浸水时间下的轴力分布曲线,如图 7.13 所示。

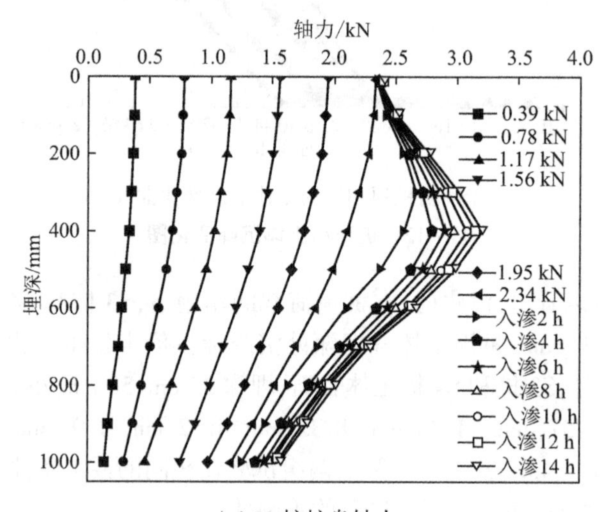

(a) S3 桩桩身轴力

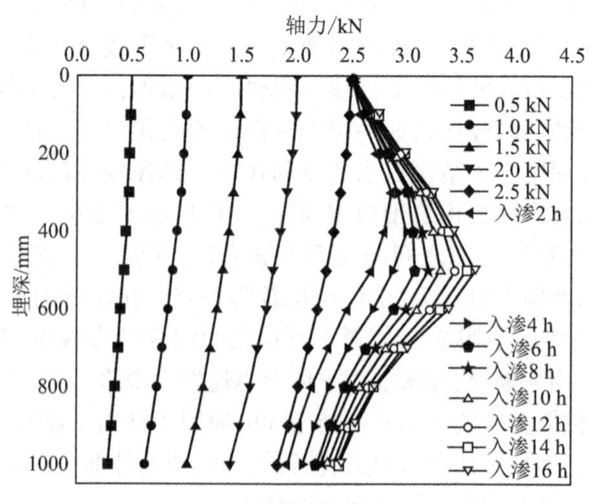

(b) S4 桩桩身轴力

图 7.13 浸水时桩身轴力分布曲线

从图 7.13 可以看出,模型桩的轴力变化规律都表现为同一埋深处的轴力随着桩顶荷载或浸水时间的增加而逐渐增大;在同一荷载作用下,未浸水时,桩身轴力随埋深的增加呈现出逐渐减小的变化规律,浸水时,桩身轴力随埋深的增加先增大后减小,呈现出"D"字形的变化规律。

对 S3 桩先加载再浸水时,前期加载部分桩身轴力变化规律与常规半桩 S1 变化规律一致,在桩侧摩阻力的作用下均沿桩体埋深逐渐减小。浸水后,在桩顶荷载不变的情况下,桩身轴力沿桩体埋深变化规律开始发生变化,由未浸水时的不断减小转变为先增大后减小,呈现"D"字形的变化规律。浸水后,不同埋深处的桩身轴力较浸水前均明显增大,并且随着入渗时间的增加而不断增大,但增大幅度略有不同。这是因为由于水的入渗,使得土体结构发生破坏,桩周土体在土体自重的作用下发生湿陷变形,桩体上半部分沉降小于土体的湿陷变形,从而在桩侧产生向下的负摩阻力,使得桩身轴力沿桩体埋深不断增大。桩侧土体的湿陷变形随桩体埋深的增加逐渐减小,在一定深度处土体湿陷变形量与桩体沉降量相等,此处桩侧摩阻力为零,此处下部桩身轴力沿埋深逐渐减小。浸水前期桩身轴力最大点出现在埋深30 cm处,随着入渗时间的增加,最大轴力下移至埋深 40 cm 处,桩侧正负摩阻力的分界点也随之发生改变。

当对后注浆桩 S4 先加载后浸水时,其分级加载部分桩身轴力变化规律与后注浆桩 S2 一致,均呈现出随埋深的增加逐渐减小的趋势。浸水后,在桩顶荷载不变的情况下,桩身轴力随桩体埋深的增加呈现出"D"字形的变化规律,与 S3 桩桩周土体浸水后轴力的变化趋势一致。在相同的浸水时间及桩体埋深处,后注浆桩 S4 的轴力增量大于 S3 桩,并且随着浸水时间的增加,轴力最大值从埋深 30 cm 处下移至埋深 50 cm 处,这表明桩端后注浆使得桩端部分土体强度增加,提高了桩基的承载性能。

7.3.4 桩侧摩阻力分析

本小节对浸水时注浆前后模型桩的桩侧摩阻力进行分析,得到浸水时注浆前后模型桩在不同埋深处桩侧摩阻力随不同加载等级和浸水时间变化的关系曲线,如图 7.14 所示。当桩体沉降大于桩周土体沉降时,桩侧会出现正摩阻力,当桩体沉降小于桩周土体沉降时,桩侧会出现负摩阻力,而黄土浸水湿陷往往会引起桩侧负摩阻力的产生。

由图 7.13 浸水时桩身轴力变化曲线可知,浸水时,桩身轴力呈现"D"字形的变化规律,说明桩周土体的湿陷使得桩身上半部分受到桩侧负摩阻力的作用,导致桩身上部轴力随桩体埋深的增加逐渐增大。

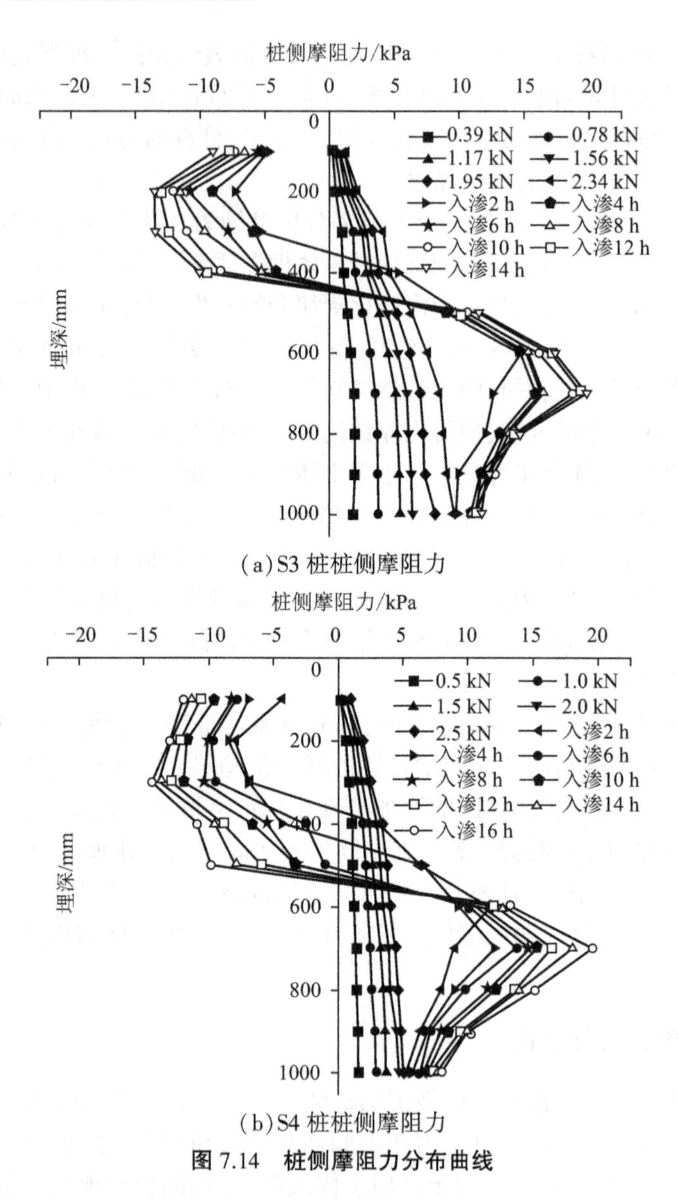

(a) S3 桩桩侧摩阻力

(b) S4 桩桩侧摩阻力

图 7.14 桩侧摩阻力分布曲线

由图 7.14(a)可知,对于模型桩 S3 先加载后浸水,前期加载过程中桩侧摩阻力分布曲线与常规半桩 S1 大致相同,在桩顶荷载的作用下,桩土之间产生相对位移,桩体沉降大于桩周土体沉降,桩侧摩阻力均为正值,并且沿桩体埋深的增大而逐渐增大。浸水后,在保持桩顶荷载不变的情况下,桩周土体开始发生湿陷变形,随着入渗时间的增加,桩周土体湿陷范围逐渐增加,桩体上部桩侧正摩阻力随着土体湿陷量的增加而逐渐减小,当土体湿陷量大于桩体沉降时,桩侧开始出现负摩阻力。桩侧负摩阻力的分布呈抛物线形,沿桩体埋深的增加先增大后减小,直至出现正摩阻力。这是因为浸水作用下上部土体沉降量较大，随着土体深度增加，土体沉降量逐渐减小，桩土相对位移减小，故桩侧负摩阻力逐渐减小，直至桩侧正摩阻力出现，并且随着桩体埋深的增加，桩侧正摩阻力也呈现出先增大后减小的抛物线形变化趋势。随着入渗时间的增加，桩侧正、负摩阻力抛物线形的变化趋势愈为明显。在桩侧正负摩阻力交界处存在一个侧摩阻力为零的点，即为中性点，约在桩体埋深400 mm左右，此处桩体沉降与桩周土体沉降相等，与桩身轴力变化曲线"D"字形最大点位置一致。与S1桩相比，S3桩桩侧负摩阻力的出现使得桩周土体对桩身产生下拉力，使桩身荷载增大，桩基极限承载力降低。同时桩身上部负摩阻力产生的下拉力使得桩身压缩和沉降量增大，继而引起桩身下部正摩阻力的增大。

由图7.14(b)可知，对于桩端后注浆桩S4先加载后浸水，浸水前的分级加载过程中桩侧摩阻力分布规律与桩端后注浆桩S2基本一致，浸水后，在维持桩顶荷载不变的情况下，桩身上下侧摩阻力分布与S3桩类似，分别为负摩阻力和正摩阻力，但是范围和数值略有差异。随着入渗时间的增加，S4桩中性点从桩体埋深400 mm附近下降至500 mm附近。这是因为在相近的桩顶荷载作用下，桩端后注浆使得S4桩端部土体强度提高，其桩体沉降相对S3桩较小，在桩周土体发生湿陷沉降时桩身上部桩土相对位移较S3桩大，故在相同的浸水时间下，桩身上部负摩阻力明显大于S3桩，并且桩端阻力增强的部分承担了应由桩侧摩阻力承担的部分荷载，故S4桩下部侧摩阻力相对S3桩较小。S4桩桩端土体强度的增加引起桩土相对位移的增加，使得桩体沉降与土体沉降量相等的点不断向下移动，故S4桩中性点的位置较S3桩向下移动。

7.3.5 桩端阻力分析

图7.15所示为常规桩S3和后注浆桩S4浸水前、后桩端阻力随桩顶荷载和入渗时间变化的曲线，图中曲线斜率的大小代表桩端阻力的发挥状况。

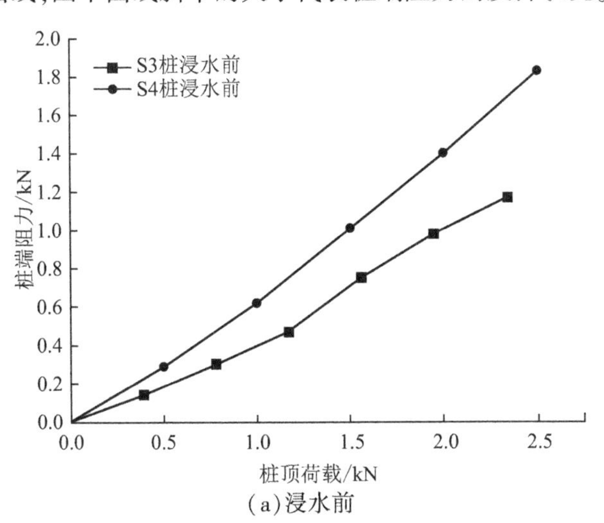

(a)浸水前

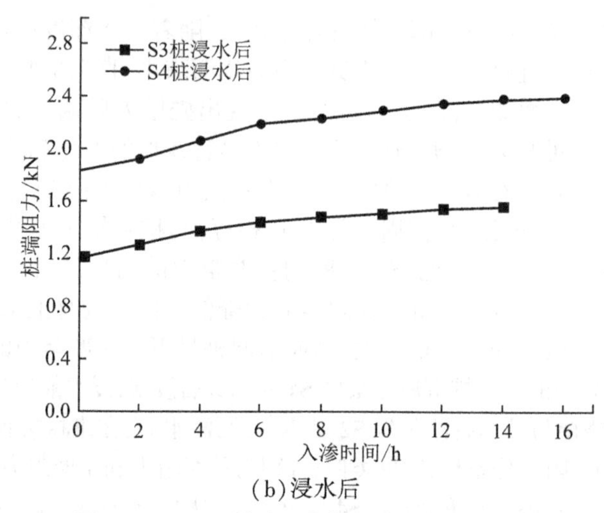

(b)浸水后

图 7.15　S3、S4 桩桩顶荷载与桩端阻力的关系

由图 7.15(a)可知，浸水前，在桩顶进行分级加载时，S3 桩和 S4 桩的桩端阻力随桩顶荷载的变化规律与 S1 桩和 S2 桩相似，随着桩顶荷载的增加，两桩桩端阻力的差值逐渐增大，且后注浆桩桩端阻力的发挥更为稳定。由图 7.15(b)可知，浸水后，在桩顶荷载保持不变的情况下，S3 桩和 S4 桩的桩端阻力均随浸水时间的增加而不断增大，且后注浆桩 S4 的桩端阻力增幅大于常规桩 S3。浸水结束时，S3 桩桩端阻力占桩顶荷载的比例由开始浸水时的 50%增加到 66.7%，增幅为 16.7%，而 S4 桩由 73.2%增大到 95.6%，增幅达到了 22.4%。

浸水时，桩端阻力的增大标志着桩周土体的湿陷造成桩侧摩阻力的损失。这也表明了在桩周土体浸水发生湿陷时，桩端后注浆能够提高桩端阻力性状的发挥，削弱了黄土的湿陷性给桩基承载力带来的不利影响。

7.4　本章小结

本章对模型桩在桩端注浆与未注浆两种情况进行竖向静载及浸水试验，对土体体积含水量、桩顶及各土层浸水沉降、桩身轴力、桩侧摩阻力和桩端阻力等变化规律进行分析，得到如下结论：

(1)浸水时，不同埋深处土体体积含水量随着入渗时间的增加经历稳定—急剧增大—缓慢增长至饱和三个阶段；不同埋深处土体沉降规律大致相同，随入渗时间的增加均经历快速—缓慢—稳定的变化过程。

(2)浸水时，桩身轴力沿埋深的增加先增大后减小，呈现出“D”字形的变化规律。在相同的浸水时间及桩身埋深处，后注浆桩轴力增量大于未注浆桩，并随着浸水时间的增加,轴力最大值位置逐渐向下移动,表明桩端后注浆使得桩端部分土体强度增加,提高了桩基的承载性能。

(3)浸水时,桩身上、下部分别受到负摩阻力和正摩阻力的作用,均呈抛物线的分布形式,并且,在相近的桩顶荷载及相同的浸水时间下,后注浆桩桩身上部负摩阻力均大于未注浆桩,说明桩端后注浆增大了桩端土体强度,减小了桩顶沉降。

(4)在桩顶荷载不变的情况下,桩端阻力随着浸水时间的增加而不断增大,后注浆桩桩端阻力增幅大于常规桩,说明后注浆可以提高桩端阻力性状的发挥,削弱黄土的湿陷性给桩基承载力带来的不利影响。

第8章

湿陷性黄土中钻孔灌注桩桩端土体劈裂注浆颗粒流模拟

桩端后注浆对桩基的加固效果受浆液在桩端土体中扩散范围及形态的影响，不同注浆因素对浆液在桩端土体中的扩散规律会产生不同的影响。为了进一步评价桩端后注浆对桩基承载特性的影响，需要对桩端后注浆浆液在桩端土体中的扩散规律进行研究。对浆液扩散规律进行研究常采用的方法主要有理论分析、模型试验及数值模拟，其中理论分析能够揭示浆液流动的内在规律，但由于实际工程的复杂性，并不能完全反映真实情况；模型试验虽真实地展现浆液的扩散范围及形态，但由于试验条件及资金所限，不能进行大量重复试验，且无法监测浆液扩散过程中土体内部应力及孔隙率的变化情况；而数值模拟因其经济、快捷、高效、可大量重复计算等优点被越来越多的学者采用，数值模拟结果联合理论分析和模型试验能较全面地分析浆液在桩端土体中的扩散范围及形态。

因此，本章使用 PFC2D 离散元程序对浆液在桩端土体中劈裂扩散的情况进行模拟研究，并将浆液劈裂扩散的模拟结果与模型试验对比，验证了数值模拟的可行性。进而利用 PFC2D 软件在不同注浆压力或渗透性质浆液情况下，通过劈裂缝的开展、土体应力和孔隙率的变化情况对浆液在桩端土体中的扩散规律进行模拟研究，揭示了不同注浆条件下浆液在桩端土体中的扩散规律。

8.1 颗粒流模型理论

8.1.1 理论基础

离散元方法最初起源于分子动力学，是非连续介质分析方法的一种，它将被研究的区域划分为一系列离散的、独立运动的颗粒，每一个颗粒都赋予特定的半径和接触属性，通过颗粒间的相互作用与接触来模拟不同的宏观力学行为。

8.1.1.1 黏结模型

离散元中颗粒之间接触的本构模型主要有滑动模型、接触刚度模型和黏结模型。黏结模型又分为平行黏结模型和接触黏结模型。

其中,平行黏结模型由 Potyondy 和 Cundall[183] 于 2004 年提出,可用于模拟岩石等黏结材料,并使用该模型对岩土黏结材料进行颗粒流模拟研究。众多学者[184-187] 也曾采用颗粒流程序的平行黏结模型对岩石、含裂隙的试样等进行巴西劈裂、单轴或三轴模拟研究,结果也表明平行黏结模型可以很好地反映岩石的宏观力学性能。在黏性土接触本构模型的选取方面,一些学者[188-189] 认为黏性土主要使用平行黏结模型和接触黏结模型,但是相较于平行黏结模型,接触黏结模型的参数更简洁明了,更能准确地反映土体的宏观力学性能。因此,本书使用接触黏结模型对浆液在土体中劈裂扩散的流固耦合作用进行计算。

接触黏结模型与平行黏结模型不同,平行黏结模型中颗粒之间为面接触,而接触黏结模型中颗粒之间通过点接触进行连接。在接触黏结模型中通过定义颗粒之间的法向黏结强度和切向黏结强度使得拉力与剪切力同时存在[190]。当颗粒受到的拉力或者切向力超过法向黏结强度或切向黏结强度时,颗粒之间的黏结就会发生断裂,产生相对位移。接触黏结模型原理示意图如图 8.1 所示。接触黏结模型中的黏结键可假设为一对弹簧,在接触点处规定了恒定的法向刚度和切向刚度,并且这两个弹簧规定有一定拉伸和剪切强度。剪切力受到摩擦系数和法向力乘积的限制,使得颗粒之间的接触不会产生滑动的可能。若法向力超过拉伸强度或剪切力超过切向刚度,则黏结断裂。

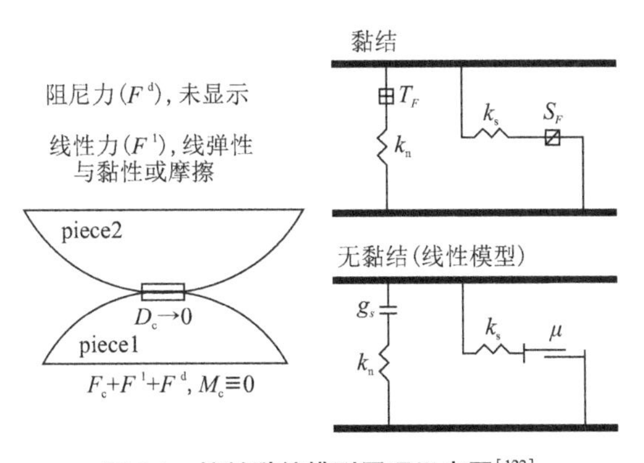

图 8.1 接触黏结模型原理示意图[122]

接触黏结模型提供了无限小的线弹性界面与黏性或摩擦界面作用的行为,如图 8.1 所示。在黏结或无黏结时界面都不可抵抗相对旋转。若界面黏结,其表现出线弹性的行为,直到超过材料的极限强度,黏结发生破坏,界面不再黏结。若界面无黏结,则表现为线弹性和摩擦,通过剪切力施加库仑极限来适应滑移。无黏结的线性接触黏结模型与线性模型等效。

8.1.1.2　流固耦合计算原理

(1)流体网络识别

颗粒流程序通过离散的颗粒形成的集合体来模拟土体,并且没有真实的流体存在,而是通过"流体域"和"管道"的作用来实现颗粒与流体之间的流固耦合作用。流体在土体中的流动被假想为在颗粒接触处平行的缝隙中流动,该流动通道使用与两颗粒相切的"管道"来模拟,"管道"的宽度与颗粒接触处的法向相对位移成正比,并且颗粒接触处允许产生裂缝。如果颗粒连接处存在黏结,当黏结被破坏时,颗粒便会产生相对位移,使得"管道"宽度增加,裂缝产生。"流体域"就是存在于颗粒孔隙中一系列封闭的颗粒链,用来存储流体压力,并将压力等效为体力作用于周围颗粒。"流体域"通过"管道"连接,其大小与"管道"的数量和宽度相关。流体域与颗粒接触关系示意图如图 8.2 所示,图中黑色圆点代表"流体域",两个"流体域"之间的黑色线段为流体的流动通道"管道",灰色圆盘代表土颗粒,颗粒之间的黑色线条代表颗粒之间的接触连接。

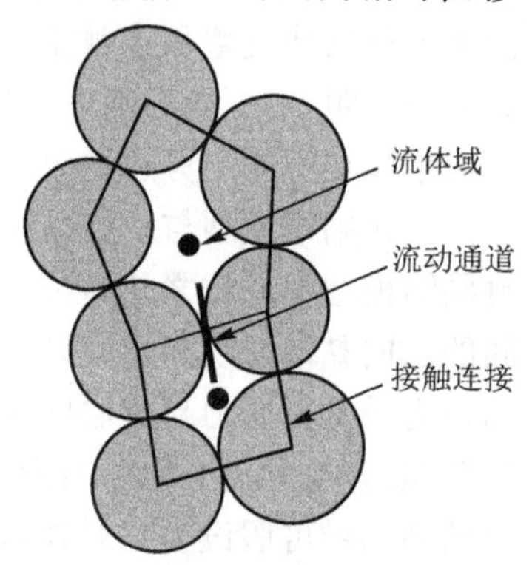

图 8.2　流体域与颗粒接触关系示意图

(2)流固耦合求解方法

为了实现注浆过程中颗粒与流体之间的流固耦合作用,首先需要明白流固耦合的形式、定义流动方程和压力方程。

在 PFC2D 中颗粒与流体之间的流固耦合主要考虑以下几个方面:

①颗粒接触处空隙的开合引起流体流动通道直径的改变,从而对流体的流动产生影响;

②力学作用引起"域"体积力的改变,从而导致"域"内压力的变化;

③"域"内流体压力对周围颗粒产生推曳作用。

用于流固耦合计算的流动方程、压力方程及求解方法如下所示:

①流动方程。注浆过程中,浆液在颗粒之间的"管道"中流动时遵循裂隙立方定理,裂隙内流量计算公式为

$$q = ka^3 \frac{\Delta p}{L} \tag{8.1}$$

式中,k 为水力传导系数;a 为管道直径;Δp 为管道两端相邻域的压力差;L 为管道长度。

②压力方程。在注浆过程中,流体域内的流体压力不断更新,以实现流体与颗粒间的流固耦合作用。流体域内的压力增量主要取决于流入域内的流量总量,在特定时间步长 Δt 内流体压力增量计算公式为

$$\Delta p = \frac{K_d}{V_d}\left(\sum q\Delta t - \Delta V_d\right) \tag{8.2}$$

式中,Δp 为压力增量;K_d 为流体的体积模量;V_d 为流体域的表观体积;Σq 为流入域的总流量;ΔV_d 为流体域的表观体积增量。

③求解方法。采用显式方法进行求解,在流体域内交替运用流动方程和压力方程。当流体流入引起的压力响应小于扰动压力时,可保证模型稳定运行。当两者相等时,可求出动态稳定运算的时间步长为

$$\Delta t = \frac{2RV_d}{NK_d ka^3} \tag{8.3}$$

式中,R 为“域”周围颗粒的平均半径;N 为“域”连通的管道数。

8.1.2 基本假定

桩端后注浆浆液在桩端土体中劈裂扩散涉及流固耦合作用,是一个复杂的过程,本书探究了不同因素条件下浆液在桩端土体中的扩散规律,为了建立合理高效的数值计算模型,在使用颗粒流方法进行数值模拟的过程中,做出如下假设:

①模型中的任意颗粒都被视为刚性体,且为圆形;

②颗粒之间接触范围很小,为点接触,并且有一定的连接强度;

③颗粒之间为柔性接触,接触处容许有一定的重叠量,但是其重叠量与颗粒半径相比很小;

④不同渗透性质的浆液通过改变水力传导系数实现。

8.2 湿陷性黄土中钻孔灌注桩桩端土体劈裂注浆颗粒流模型建立

本节利用 PFC2D 软件建立湿陷性黄土中桩端后注浆浆液劈裂扩散的数值分析模型,通过规定模型生成区域、生成颗粒、定义边界条件、赋予材料属性等建立初始几何模型,然后调用软件内置的 Fish 语言定义“域”。在模型中心施加压力,在压力的作用下,颗粒之间的黏结发生破坏,产生相对运动,出现劈裂缝。通过裂缝的开展长度及分布范围,可判断桩端后注浆浆液在桩端土体中劈裂扩散的范围及形态。

8.2.1 细观参数的确定

使用离散元颗粒流软件进行数值模拟时,无法直接使用材料的宏观力学参数,而需要对参数进行标定,以获取合适的细观参数。颗粒的细观参数决定着土体的宏观力学性质,对数值模拟计算结果的准确性起着决定性作用。

对于模型中所使用的细观参数,无法直接通过室内试验获取,除孔隙率与土体颗

粒级配外,需要对其他细观参数进行标定。一般常采用试错法[191],即通过不断调节细观参数,并将数值试验结果与宏观力学参数进行对比,最终获得与宏观力学参数相匹配的细观力学参数,以此作为该模型中材料所对应的细观参数。故可采用直剪试验标定法对材料的细观参数进行选取,直剪试验模型图如图 8.3 所示。直剪模拟中,在土体黏聚力和内摩擦角确定的情况下,拟合选取不同的细观参数剪应力与剪切位移关系曲线,以此确定最合适的细观参数。通过试错法对法向黏结强度、切向黏结强度、颗粒弹性模量及摩擦系数等细观参数进行标定,结果如表 8.1 所示。

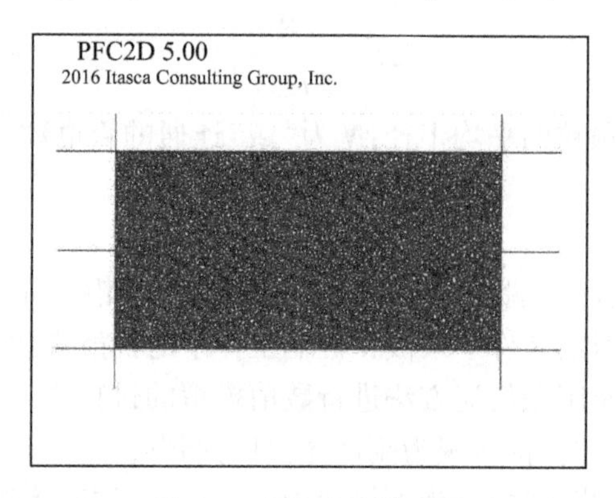

图 8.3　直剪试验模型图

表 8.1　土体基本力学细观参数表

细观参数	数值
颗粒密度/kg · m^{-3}	1610
R_{min}/m	0.0036
R_{max}/R_{min}	1.5
颗粒弹性模量/Pa	9×10^7
法向黏结强度/Pa	1.4×10^5
切向黏结强度/Pa	1.4×10^5
摩擦系数	0.2

8.2.2　颗粒流模型的建立

(1)选定计算区域

本章研究对象为浆液在桩端土体中的劈裂扩散,桩端后注浆模型试验中土体及注浆管分布如图 8.4 所示,注浆管位于模型中心,故选取桩端平面为劈裂注浆研究对象。

模型建立过程中，首先需要指定域范围和边界条件，依据模型试验尺寸，在离散元软件中建立尺寸为 80 cm×60 cm 的数值模型，使用 domain 命令规定模型生成的区域。在 PFC 2D 软件中可以使用墙、颗粒定义边界，或者采用周期边界。为了使模型中颗粒单元在指定范围内生成，首先在模型的四周设立“墙”作为模型边界。

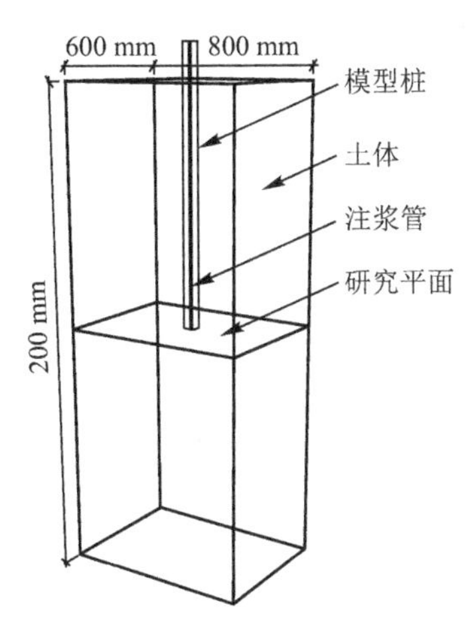

图 8.4　桩端后注浆几何模型

(2)生成颗粒

在设置的模型边界内生成圆形颗粒单元，颗粒单元半径在 R_{min} 到 R_{max} 范围内均匀分布，通过圆形颗粒单元来模拟土体，如图 8.5 所示。通过“伺服系统”对墙的位移进行调整，使颗粒单元挤密压缩，产生侧向约束力。待模型中所有颗粒受到的不平衡力完全消除后删除外部墙体，并设置模型边界上下 15 mm、左右 20 mm 范围内的固定颗粒作为不透水边界，由外围一圈颗粒构成。边界条件设置完毕后，删除模型中心直径 8 mm 范围内的颗粒作为注浆孔，如图 8.6 所示。

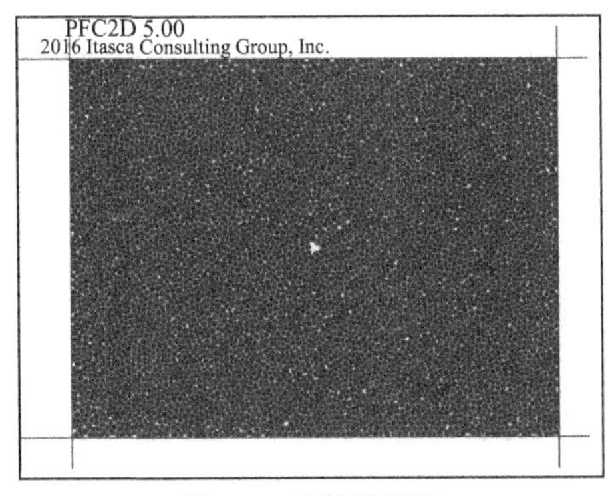

图 8.5　计算模型图

图 8.6　模型边界示意图

(3)“域”生成

基本模型建立后,调用 PFC2D 内置的 Fish 语言 dom.fis 和 dom1.fis 生成“域”和“管道”所组成的网络。同时调用 Fish 函数对模型中所有颗粒进行搜索,删除接触连接小于 2 的颗粒,以保证流固耦合计算的顺利进行。流体域与颗粒之间的单元关系如图 8.7 所示,图中圆盘表示土颗粒,圆点代表流体域,连接域与域之间的线段构成了流体在颗粒之间的流动通道,即颗粒间的裂隙通道、颗粒之间相连的线段代表了颗粒之间的接触连接。

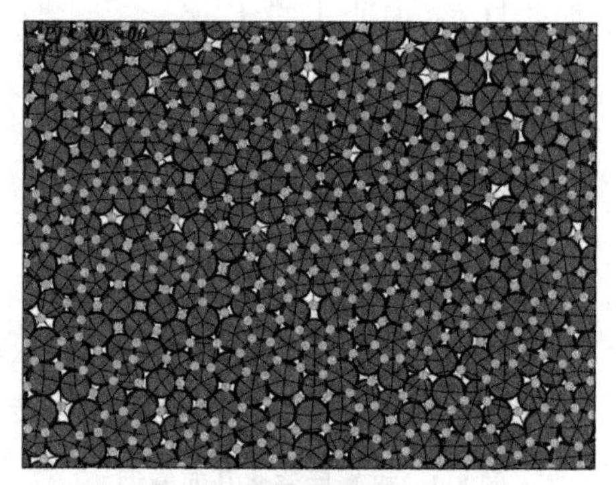

图 8.7 流体域与颗粒的单元关系

(4)测量圆的设置

在桩端劈裂注浆模拟过程中,为了测量土体中应力及孔隙率的变化情况,同时衡量浆液的扩散半径,以注浆孔中心为圆心,设置 4 个半径分别为 6 cm、12 cm、18 cm和 24 cm 的同心圆作为测量圆(编号为 1~4),如图 8.8 所示。其中从注浆孔中心开始计算,到浆液扩散的最大边缘处为最大扩散半径,即为浆液的扩散半径。

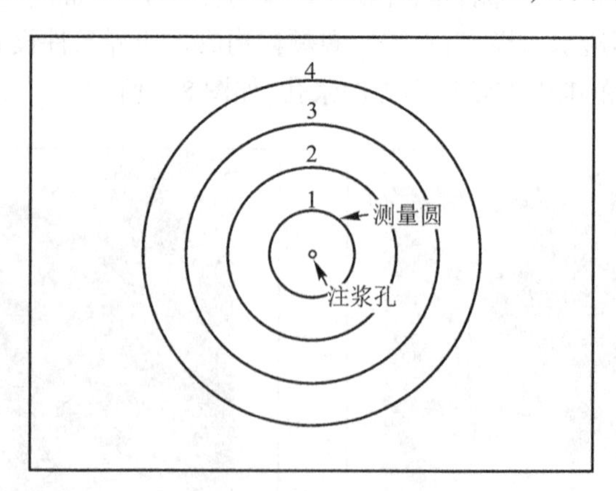

图 8.8 测量圆布置示意图

8.3 湿陷性黄土中钻孔灌注桩桩端土体劈裂注浆颗粒流结果分析

基于上文建立的劈裂注浆颗粒流数值模型,进行桩端后注浆浆液在桩端土体中劈裂扩散规律的研究。首先将数值模拟与模型试验的结果进行对比,通过浆液的扩散形态,验证数值模拟方法的可行性,然后通过分析调整颗粒流程序中p_given、perm等参数后劈裂缝的开展、土体应力和孔隙率的变化情况,探讨不同注浆压力或浆液黏度对浆液扩散半径及规律的影响,给出指导工程实际的建议。

8.3.1 模型试验与数值模拟结果对比

图8.9为模型试验中注浆压力为0.3 MPa时浆液在桩端土体中扩散的浆脉形态。从图8.9中可以看出,浆液在桩端土体中以劈裂扩散的方式向土体中扩散,该试验工况下,最终在桩端土体中形成一条长约17.5 cm的主浆脉。

图8.10为注浆压力为0.3 MPa时浆液在桩端土体中扩散的数值模拟结果,从图中可以看出,浆液在桩端土体中同样以劈裂扩散的形式向四周土体中扩散,最终形成一条主浆脉和三条小浆脉,其中主浆脉的平面长度约为14.3 cm,小浆脉的平面长度相对较小。

从浆液在桩端土体中的扩散形态方面来看,数值模拟与模型试验中浆液在桩端土体中均为劈裂扩散,且浆脉的扩散形态具有较好的一致性,但是因为试验条件的局限性,导致模型试验中注浆压力及土体填筑的均匀性在试验过程中无法很好地保持一致,使得浆脉总数量与劈裂长度存在些许误差。总的来说,数值模拟与模型试验还是具有较好的一致性,通过数值模拟来研究浆液在桩端土体中的扩散形态具有一定的可行性。

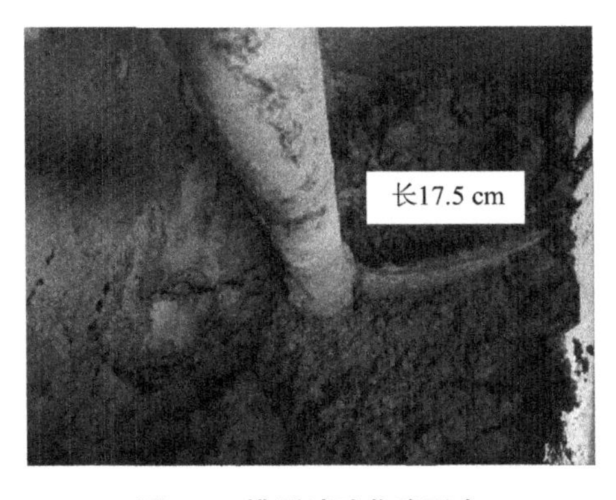

图8.9 模型试验浆脉形态

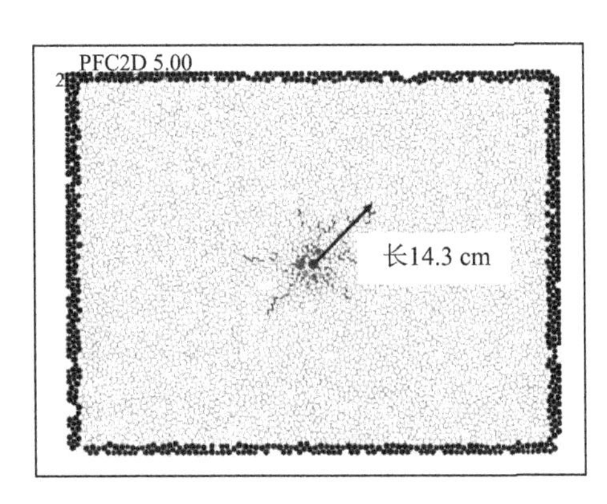

图8.10 数值模拟浆脉形态

8.3.2　注浆压力影响分析

在模型中心注浆孔施加不同大小的恒定压力(0.2 MPa、0.3 MPa、0.4 MPa),分析在不同注浆压力下浆液扩散半径、裂缝的开展、周围土体的应力及孔隙率的变化情况。

8.3.2.1　注浆压力对扩散半径的影响

注浆压力是影响浆液扩散半径及扩散形式的重要因素,直接决定了桩端后注浆的加固效果。实际工程中,由于注浆管道对注浆压力的损耗,桩端注浆点处的压力比实际注浆压力略小,本模型中注浆压力指出浆口处的压力。

图 8.11 为不同注浆压力下浆液在桩端土体平面中的扩散情况,为了便于观察浆液的扩散情况,将模型中土颗粒和固定边界颗粒分别设置为白色和黑色。图中心黑色线段表示劈裂缝,图中心黑色圆点表示注入浆体的压力。

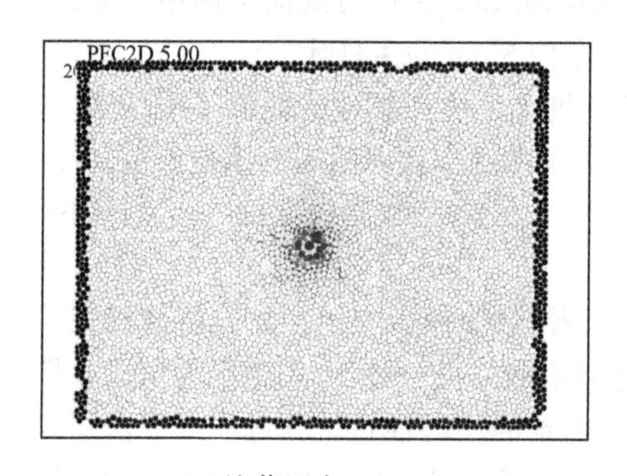

(a)注浆压力 0.2 MPa

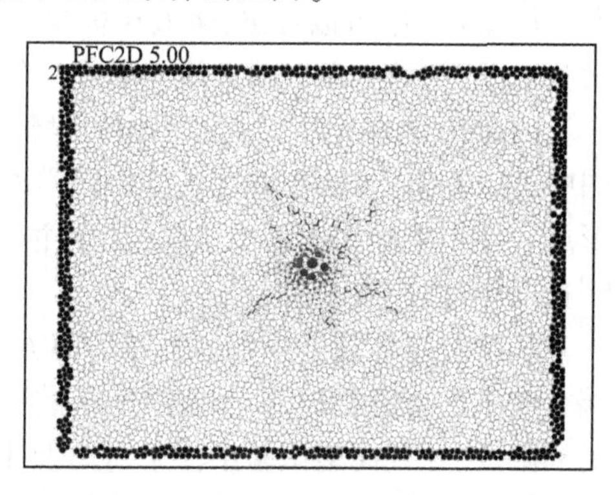

(b)注浆压力 0.3 MPa

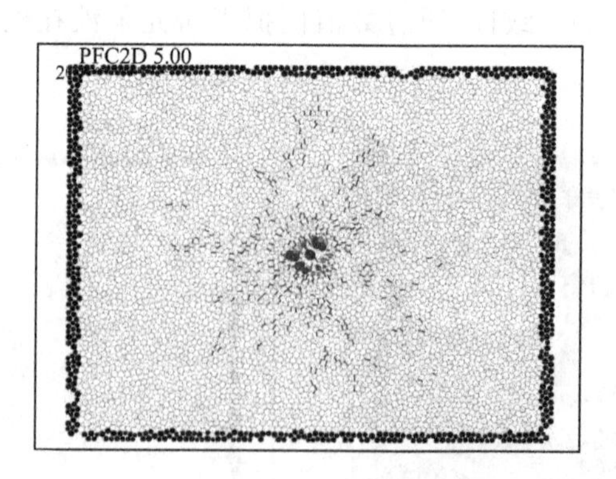

(c)注浆压力 0.4 MPa

图 8.11　不同注浆压力下裂缝及浆体压力分布

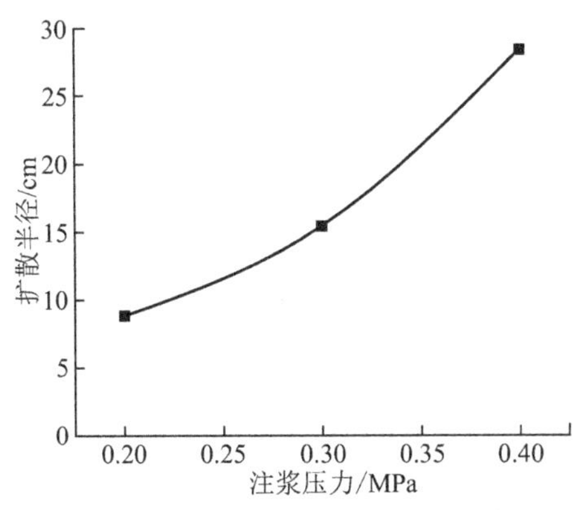

图 8.12 扩散半径与注浆压力关系曲线

由图 8.11、图 8.12 可知,在保持其他条件不变的情况下,随着注浆压力的增大,浆液的扩散范围逐渐增大,浆脉分支也逐渐增多。在注浆压力为 0.2 MPa 时,由于注浆压力较小,浆液所积聚的能量较小,仅超过部分颗粒之间的黏结强度,对颗粒之间的黏结破坏程度有限,在注浆口附近产生数量较少的裂隙,呈现劈裂扩散的趋势。当注浆压力增大为 0.3 MPa 时,在注浆孔周边土体中出现四条比较明显的劈裂缝,随着注浆压力的继续增大,裂隙的数量和范围也逐渐增大,当注浆压力为0.4 MPa时,劈裂缝已形成较为明显的浆脉网络。

从数值模拟结果来看,浆液劈裂扩散的总体规律为注浆压力较小时,不足以产生劈裂缝,随着注浆压力的增大,注浆孔周边土体中逐渐出现多条明显的裂隙,注浆压力越大浆脉分支越多,并不断向远处拓展,最终形成浆脉网络,对土体起到支撑骨架的作用。

8.3.2.2 注浆压力对土体中应力的影响

注浆过程中不同注浆压力作用下土体 x 方向应力变化曲线如图 8.13 所示。由图 8.13 可知,劈裂注浆过程中,在裂缝出现之前,土体中的应力均呈现急剧增大的趋势,且注浆压力越大,土体应力就越大。产生劈裂缝后,出现裂缝处的土体应力明显减小或者出现波动,最终趋于稳定,并且随着与注浆孔距离的增大,土体应力逐渐减小。但是,注浆压力较大时,距注浆孔较远处的土体应力随注浆时间的增加而逐渐增大,说明该处土体未受到劈裂缝的影响。

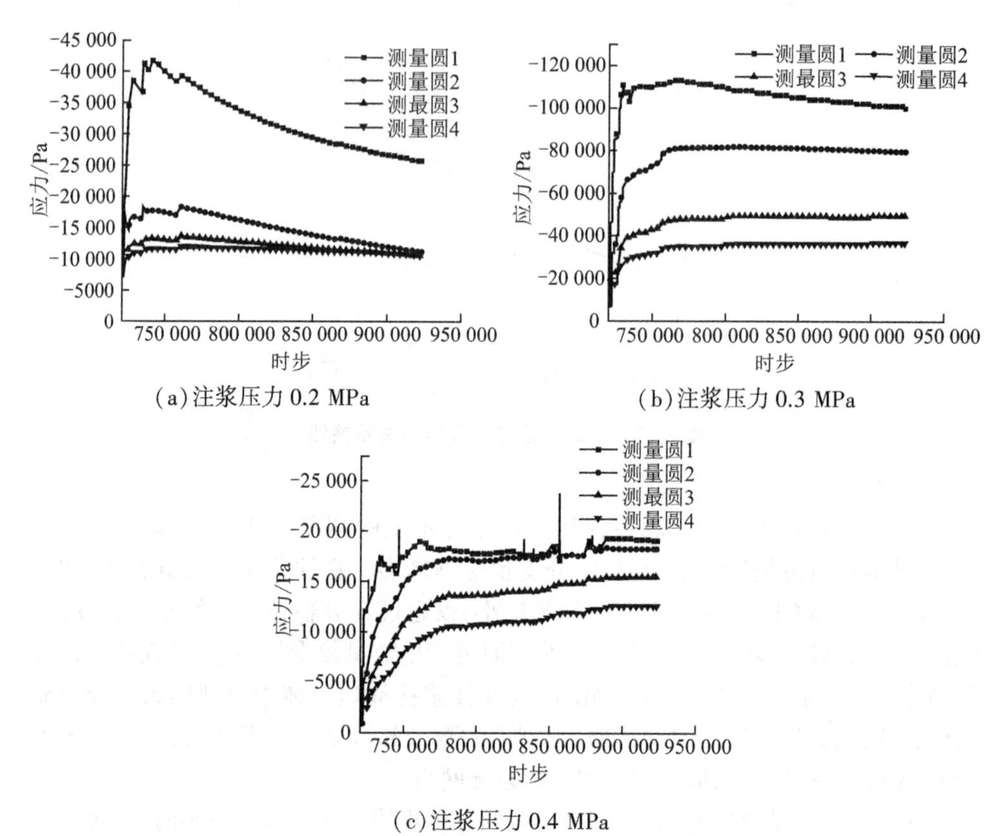

(a)注浆压力 0.2 MPa

(b)注浆压力 0.3 MPa

(c)注浆压力 0.4 MPa

图 8.13　不同注浆压力下测量圆内土体平均应力

在劈裂缝产生之前,浆体压力积聚在注浆孔附近,对周围土体产生压密作用,使得土体应力增大。当注浆孔附近积聚的能量达到启裂压力时便会产生劈裂缝,使得应力得到释放。当注浆压力较小(0.2 MPa)时,劈裂缝的产生会对土体应力产生较大影响,应力出现明显减小的趋势;当注浆压力较大(0.4 MPa)时,土体应力出现波动,直至稳定。土体应力出现波动也说明了在土体中不断出现劈裂现象,应力不断得到释放。即劈裂缝产生后,较小注浆压力下土体应力显著减小,较大注浆压力下土体应力出现波动,且衰减相对不明显,同时距注浆孔较远处土体应力受裂隙开展的影响相对较小。

8.3.2.3　注浆压力对平均孔隙率的影响

注浆过程中不同注浆压力下测量圆内土体平均孔隙率的变化曲线如图 8.14 所示。

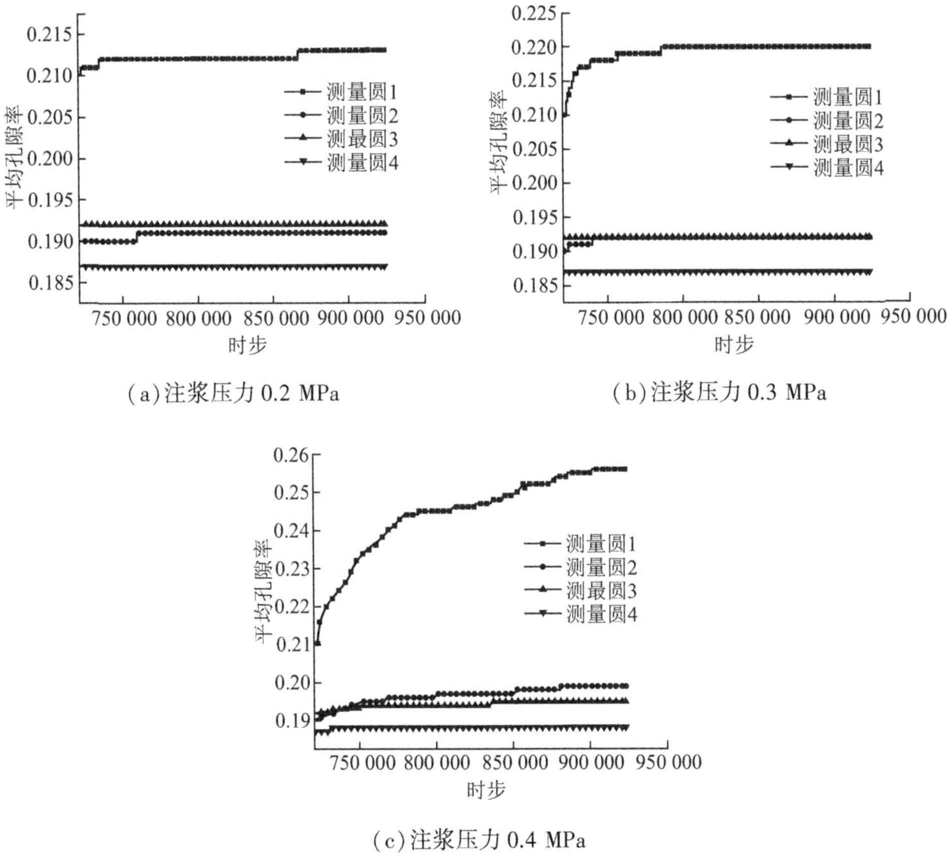

(a)注浆压力 0.2 MPa

(b)注浆压力 0.3 MPa

(c)注浆压力 0.4 MPa

图 8.14 不同注浆压力下测量圆内土体平均孔隙率

由图 8.14(a)可知,当注浆压力较小(0.2 MPa)时,测量圆 1 范围内平均孔隙率较注浆前增大幅度为 1.43%,测量圆 2 范围内平均孔隙率增大幅度仅为 0.53%,此范围外的土体孔隙率不受注浆作用的影响。这是因为注浆压力较小时,仅在注浆孔附近产生少量裂隙,且由图 8.13(a)可知,距注浆孔较远处土体应力受注浆压力影响很小,故平均孔隙率几乎不发生变化。随着注浆压力的增加,土体平均孔隙率受注浆压力影响的程度和范围逐渐增大,注浆压力为 0.3 MPa 和 0.4 MPa 时,测量圆 1 范围内土体平均孔隙率增大幅度分别为 4.76% 和 21.90%。且注浆压力为 0.4 MPa时,测量圆 3 范围内土体平均孔隙率也有明显增大。这是因为劈裂注浆时,随着注浆压力的增大,土体中劈裂缝的范围和数量逐渐增多,当裂缝产生时,由于裂缝周围土体应力减小,使得平均孔隙率增大。这也表明,桩端后注浆浆液的加固范围随着注浆压力的增大而增大。土体中产生的劈裂缝最终被浆液填充以达到改善土体性能的作用,平均孔隙率增量的大小间接反映了浆液对桩端土体的加固效果,图 8.15 也表明了随着注浆压力的增大,浆液在土体中的填充空间也逐渐增大,加固效果也随之提高。

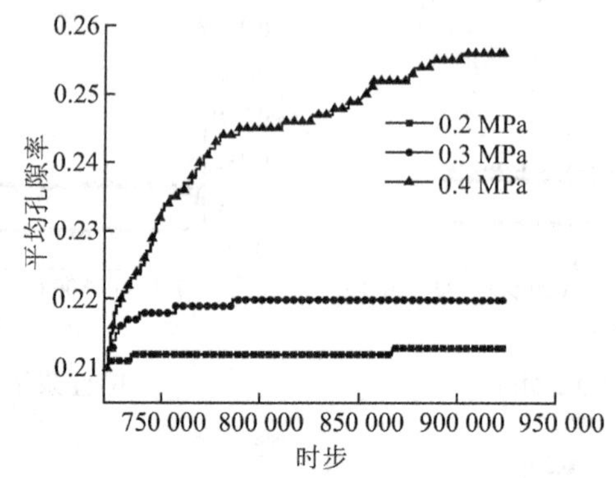

图 8.15　不同注浆压力下测量圆 1 内平均孔隙率变化曲线

8.3.3　浆液渗透性影响分析

不同渗透性质的浆液在土体中的扩散形态呈现出不同的规律,为了研究浆液的渗透特性对桩端注浆的加固效果,在相同的注浆压力(0.3 MPa)下,通过改变水力传导系数(perm=0.05、0.10、0.15、0.20)模拟不同黏度浆液的渗透性,分析注浆过程中浆液扩散半径、裂缝的开展、周围土体的应力及孔隙率的变化情况。

8.3.3.1　浆液渗透性对扩散半径的影响

注浆压力为 0.3 MPa 时,不同水力传导系数下浆液的扩散范围及形态如图8.16所示。

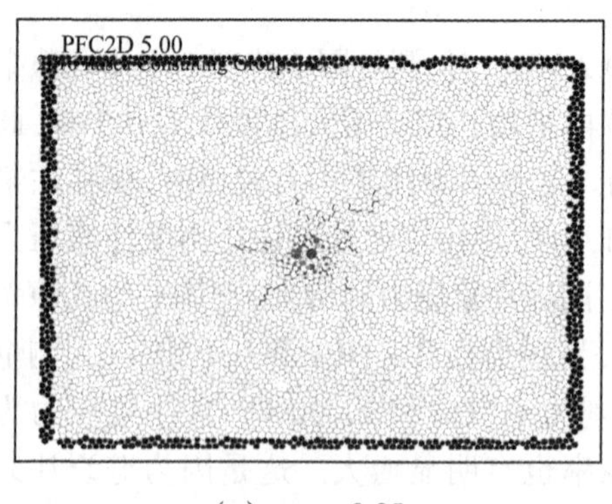

(a)perm=0.05

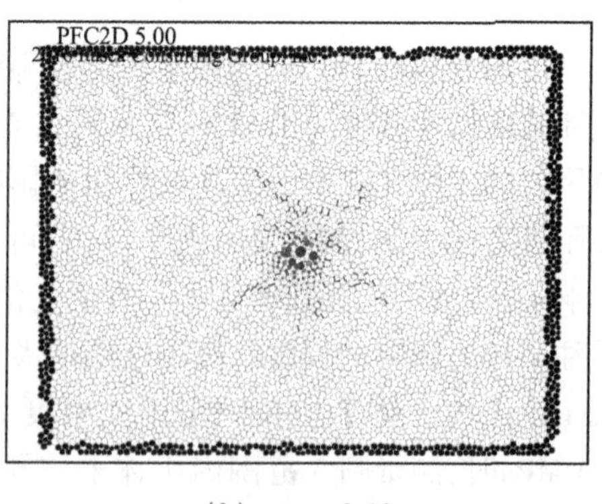

(b)perm=0.10

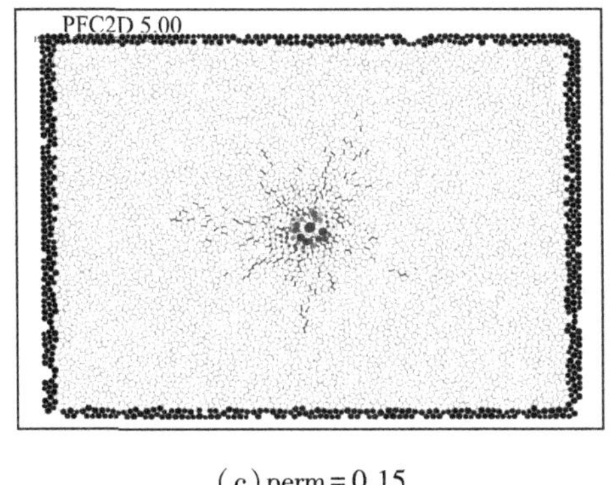

(c) perm = 0.15

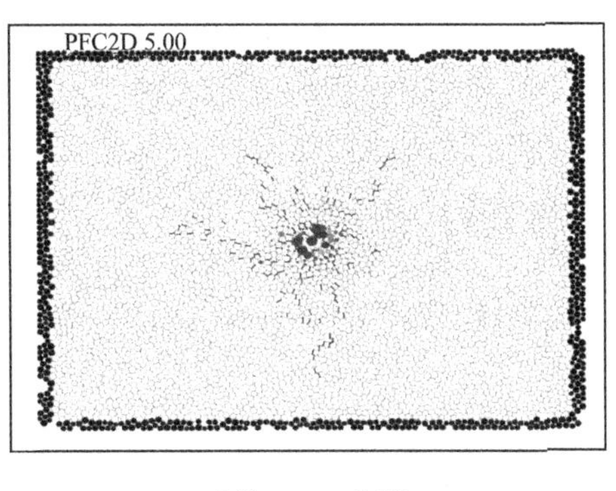

(d) perm = 0.20

图 8.16 不同水力传导系数下浆液扩散范围及形态

由图 8.16 可知,浆液的扩散范围随着水力传导系数的增大(渗透性的提高)而逐渐增大。在相同的注浆压力(0.3 MPa)下,当 perm = 0.05 时,浆液在土体中的渗透性较差,土体不易发生劈裂,流体压力在注浆孔附近积聚,在注浆孔周围土体中形成较少的劈裂浆脉。当 perm 提高到 0.10 或 0.15 时,浆液的渗透性能逐渐提高,流动速度逐渐变大,土体中产生劈裂缝的数量及分布范围也逐渐增大。当 perm 提高到 0.20 时,浆液的流动速度大幅提高,不会在流动通道内发生积聚,使得裂缝数量增幅变小,形成的浆脉数量明显减少[192],由于浆液扩散范围增幅不大,此部分水力传导系数的增加使得劈裂注浆的发生更像渗透注浆。

图 8.17 为注浆过程中裂缝数及扩散半径随水力传导系数的变化关系。从图中也可看出,在水力传导系数增大到一定程度后,浆液的扩散半径及产生的裂缝数趋于稳定,也说明了水力传导系数较大的土体劈裂扩散形式更像渗透注浆。

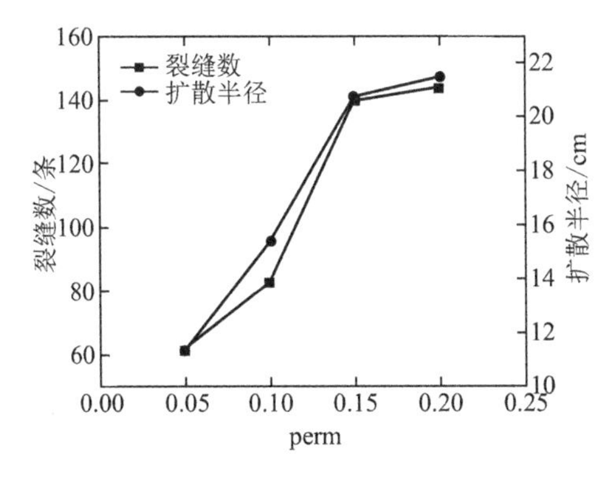

图 8.17 裂缝数及扩散半径随水力传导系数的变化关系

通过对图 8.11 中不同注浆压力下,相同渗透性浆液的扩散形态进行分析可知，对于渗透性较差的浆液，在注浆压力较低（0.2 MPa）时，对注浆孔周围土体以压密作用为主，随着注浆压力的增大，在注浆孔周围土体中逐渐产生较为密集的裂缝，浆液扩散方式转变为劈裂扩散。

由上述分析可知，在相同的注浆压力下，渗透性较差的浆液主要适用于压密和劈裂注浆。随着浆液渗透性的提高，土体中劈裂缝的数量明显增多，浆液在土体中劈裂扩散的形式趋于明显，当渗透性增大到一定程度时，浆液逐渐适用于渗透注浆。

8.3.3.2 浆液渗透性对土体中应力的影响

注浆过程中不同水力传导系数下测量圆内土体平均应力变化曲线如图 8.18 所示。

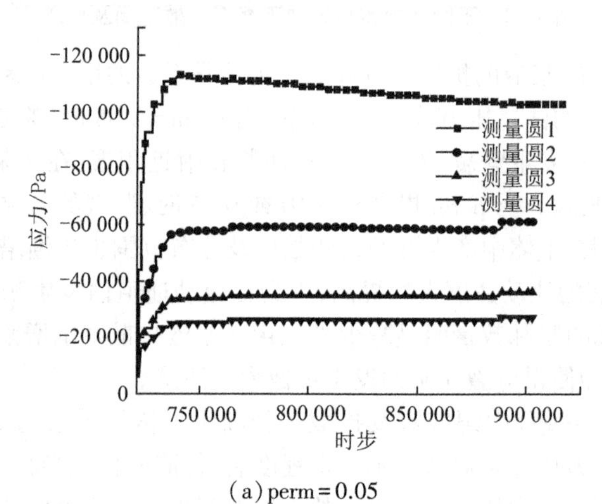

(a) perm = 0.05

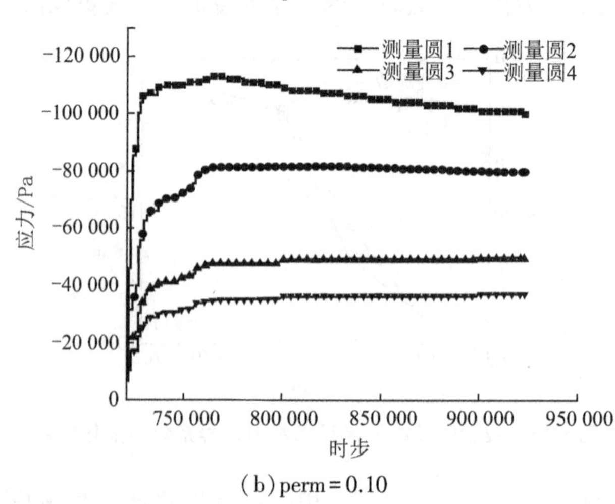

(b) perm = 0.10

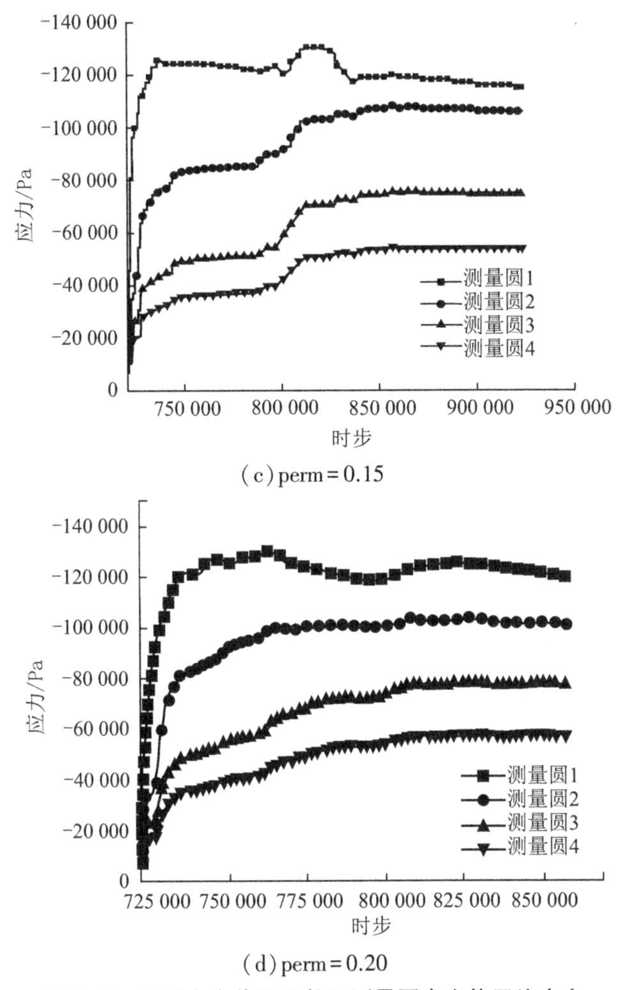

图 8.18 不同水力传导系数下测量圆内土体平均应力

由图 8.18 可知,注浆过程中,不同渗透性质的浆液在相同的注浆压力作用下,注浆孔周围不同范围内土体的应力均呈现出先增大后趋于稳定的趋势,并且随着与注浆孔距离的增大而逐渐减小。在劈裂缝产生之前,由于浆液对注浆孔周围土体的压密作用,不同范围内土体的应力均呈现出急剧增大的趋势,随着劈裂缝的产生,土体中的应力逐渐开始波动或趋于稳定。这是因为在劈裂缝出现之前,土体受到注入浆体压力的挤压作用,其内部应力不断增大;当压力大于土体颗粒之间的黏结强度时,土体颗粒之间的连接便会遭到破坏。此时土体中出现裂缝,在裂缝处应力得到释放,使得土体内应力出现波动,裂缝范围外土体应力趋于稳定。

在水力传导系数较小(perm = 0.05 ~ 0.15)时,相同范围内土体的平均应力随着水力传导系数的增大而逐渐增大。这是因为随着浆液渗透性的增大,浆液在土体中劈裂扩散产生的裂缝分布范围及浆脉的长度逐渐增大,对周围土体的压密作用逐渐增强,从而导致土体的平均应力逐渐增大。由图8.18(c)、(d)可知,水力传导系数由0.15增大到0.20时,浆液劈裂扩散的范围并未明显增大,转为向土体中的渗透扩散。故水力传导系数为0.15时,不同测量圆内土体平均应力随裂缝的产生出现较大波动,而水力传导系数为0.20时,土体应力变化曲线较为缓和,且最终两者土体平均应力大小较为接近。

8.3.3.3 浆液渗透性对平均孔隙率的影响

设定注浆压力为0~3 MPa,注浆过程中不同水力传导系数下测量圆内土体平均孔隙率的变化曲线如图8.19所示。

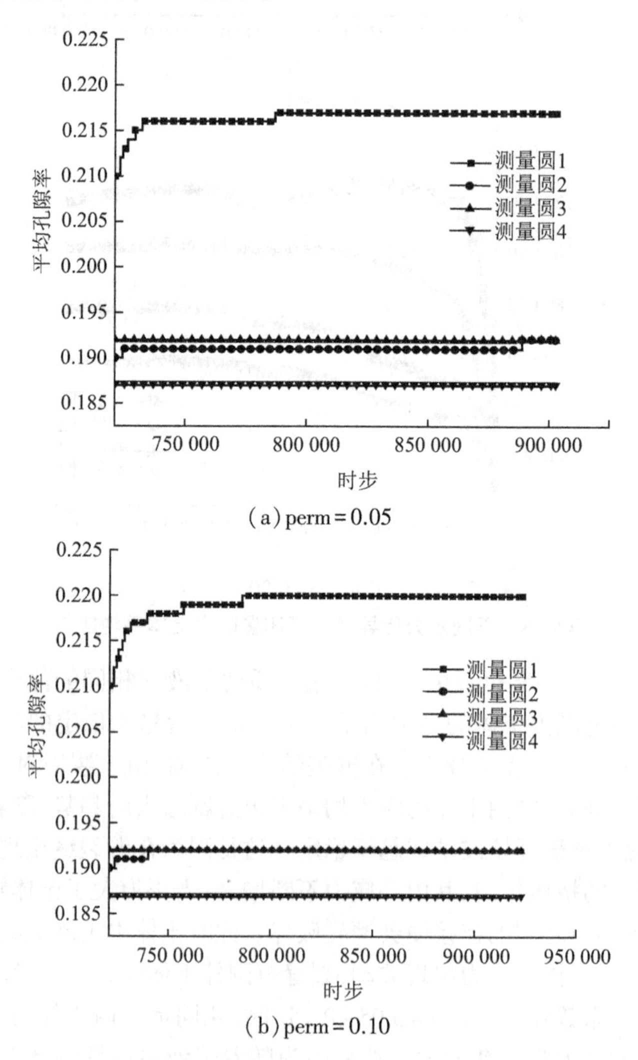

(a) perm = 0.05

(b) perm = 0.10

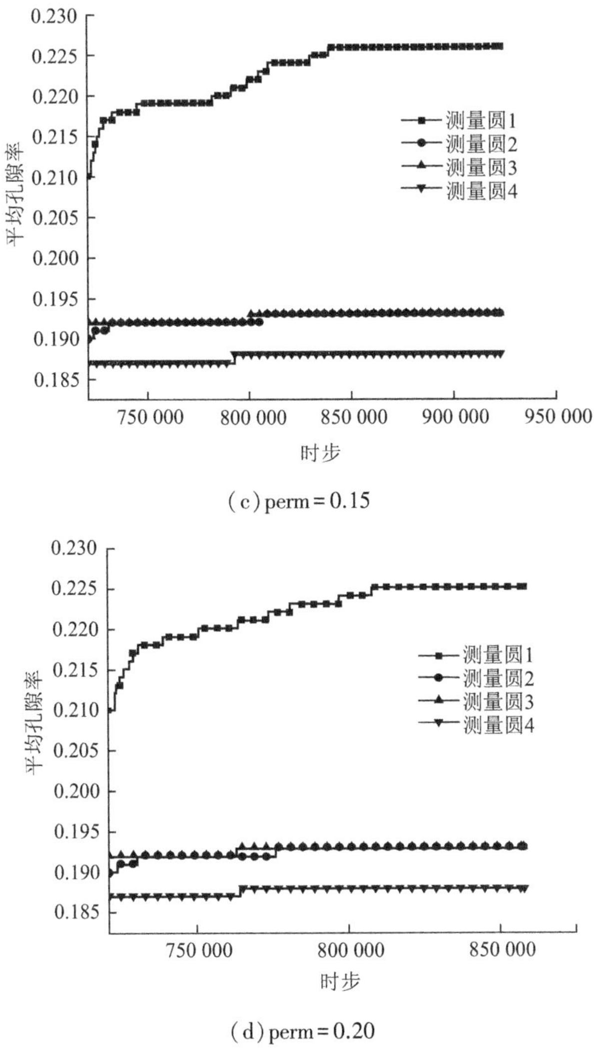

(c) perm = 0.15

(d) perm = 0.20

图 8.19 不同水力传导系数下测量圆内土体平均孔隙率

由图 8.19 可知,注浆压力为 0.3 MPa 时,不同水力传导系数下土体平均孔隙率随注浆时间的推移均有不同程度的增大。因为注浆压力为 0.3 MPa 时浆液的扩散范围有限,故测量圆 1 内土体平均孔隙率变化较为明显,其余测量圆内土体平均孔隙率变化幅度较小。

为了比较不同水力传导系数情况下注浆孔周围土体平均孔隙率的变化情况,绘制了不同水力传导系数土体测量圆 1 内平均孔隙率变化曲线,如图 8.20 所示。

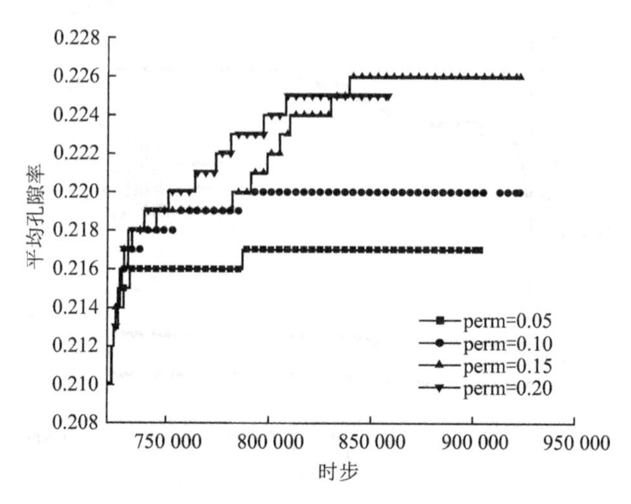

图 8.20　不同水力传导系数下土体测量圆 1 内平均孔隙率变化曲线

由图 8.19 和图 8.20 可知,在注浆压力为 0.3 MPa 时,测量圆 1 内土体平均孔隙率随水力传导系数的增大而逐渐增大。水力传导系数分别为 0.05、0.10、0.15、0.20时,测量圆 1 内土体平均孔隙率增大幅度分别为 3.33%、4.76%、7.62% 和 7.14%。这是因为,随着水力传导系数的增大,土体中劈裂缝的数量逐渐增多,故平均孔隙率逐渐增大。但当水力传导系数增大到 0.20 时,浆液渗透性较高,伴随有渗透注浆的发生,浆脉数量较水力传导系数为 0.15 时略有减小,故其平均孔隙率增幅略有降低。这也说明了流动性较高的浆液,劈裂注浆对土体进行加固时伴随着渗透注浆的发生。

8.4　本章小结

本章使用 PFC2D 软件对桩端后注浆浆液在桩端土体中劈裂扩散的过程进行模拟,并将数值模拟与模型试验结果进行对比,验证了数值模拟的可行性,并在不同注浆压力或渗透性质浆液情况下,通过劈裂缝的开展、土体应力和平均孔隙率的变化情况对浆液在桩端土体中的扩散规律进行研究,得到如下结论:

(1)注浆压力对浆液扩散形态、土体应力及平均孔隙率均有很大影响。劈裂缝的数量及扩散半径随着注浆压力的增大而逐渐增大,最终形成网络浆脉,对土体起到支撑骨架的作用;浆液对土体应力的影响范围及大小随着注浆压力的增大而逐渐增大;同时,注浆孔附近处土体平均孔隙率随注浆压力的增大而逐渐增大,较远处受裂缝的影响较小。

(2)浆液的渗透特性对浆液扩散形态、土体应力及平均孔隙率也会产生很大影响。在相同的注浆压力下,随着浆液渗透性的提高,逐渐从压密注浆转为劈裂注浆,在提高到一定程度后,又逐渐表现出渗透注浆的性质;浆液渗透性较小时,周围土体应力随渗透性的提高而逐渐增大,后随渗透性的增大而逐渐趋于稳定;在劈裂注浆的过程中,注浆孔附近土体的平均孔隙率随浆液渗透性的增大而逐渐增大。

(3)通过模型试验和数值模拟结果可知,湿陷性黄土中桩端后注浆浆液的扩散形态主要为不规则的浆脉,合适的注浆压力和渗透性质的浆液可以对桩端土体起到良好的加固作用。以此,可对湿陷性黄土中桩端后注浆工程中注浆压力及浆液的选择提供参考。

第9章

结论与展望

9.1 结论

本书首先利用多种机器学习算法建立了黄土湿陷系数预测模型,然后分别研究了干密度对黄土土水特征曲线的影响、黄土增湿变形与基质吸力的关系、黄土-混凝土界面剪切性能,对荷载传递法进行改进,并利用模型试验进行验证;最后,采用模型试验、理论分析和数值模拟的方法,对后注浆浆液在桩端土体中的扩散形态及黄土的湿陷性和桩端后注浆对黄土地区钻孔灌注桩承载特性的影响进行了研究。主要结论如下:

(1)利用试验数据和收集的文献资料建立数据库,采用4种机器学习算法(多元线性回归、BP神经网络、支持向量机和随机森林)对黄土湿陷系数进行预测,利用提出的正态分布法组合模型将4种单一模型预测结果进行组合,提高了预测结果的稳定性,并通过增加训练集的多样性将单一场地预测扩展到关中地区,增大了模型的适用范围。

(2)利用压力板仪对不同干密度黄土的土水特征曲线进行测定,发现干密度对土水特征曲线的影响较大。干密度越大,对应进气值越大,失水速率越小,土水特征曲线越平缓;分别利用Gardner模型、VG模型、FX模型对试验数据进行拟合,对比各模型精度,发现FX模型的平均R^2最高(0.995 5),并基于FX模型建立了考虑干密度变化的黄土土水特征曲线模型。通过在三联固结仪上增加定制钢构件,开展了黄土增湿变形试验,发现压力对临界基质吸力的影响较大,临界基质吸力随压力的增加先增大后减小,而湿陷终止基质吸力受压力的影响较小;考虑压力对临界基质吸力的影响,建立了考虑压力变化的三阶段增湿变形模型。

(3)开展了黄土、黄土-混凝土界面直剪试验,黄土、黄土-混凝土界面剪切应力均随剪切位移的增加呈非线性增加,随着法向应力的增加,剪切峰值强度及对应位移均增加,应变硬化特征逐渐增强;试样在基质吸力较高、法向应力较小时出现剪胀现象,在基质吸力较低、法向应力较大时出现剪缩现象;黄土、黄土-混凝土界面抗剪强度均符合 Vanapalli 非饱和土抗剪强度模型;基于界面剪切试验数据提出了适用于黄土-混凝土界面的荷载传递函数。

(4)利用第 3.4.2 节的湿陷性黄土增湿变形模型确定桩周土体的沉降,利用第 4.3.3 节的黄土-混凝土界面非饱和抗剪强度公式确定桩土界面抗剪强度,利用第 4.4.2 节提出的适用于黄土-混凝土界面的荷载传递函数确定入渗过程中桩土剪切应力的变化,利用 MATLAB 编写程序,提出了适用于湿陷性黄土地区混凝土灌注桩的荷载传递法,该程序仅需输入土体基本参数、桩周土基质吸力的变化,便可得到任意入渗时刻的桩身轴力、桩侧摩阻力和桩顶沉降。

(5)开展了湿陷性黄土中混凝土灌注桩入渗模型试验,对入渗过程中桩周土体体积含水量、桩周土体分层沉降、桩身轴力、桩顶位移等进行监测。入渗过程中湿润锋下移速率逐渐减缓,桩身上部出现负摩阻力,中性点先随入渗时间下移,然后保持相对稳定,在湿润锋到达桩端土层后,中性点上移。利用试验数据对第 3.4.2 节提出的湿陷性黄土增湿变形模型、第 4.4.3 节提出的适用于湿陷性黄土混凝土灌注桩的荷载传递法进行验证,模型计算结果与试验值较为吻合。

(6)通过模型试验得到了注浆及浸水前后桩基承载特性的变化规律。竖向静载及浸水试验表明,桩端后注浆对桩基的承载能力有明显的提高作用,可以有效地控制桩身轴力的变化,提高桩侧摩阻力的稳定性和端阻性状的发挥,削弱黄土的湿陷性给桩基承载力带来的不利影响。未浸水时,桩身轴力沿桩体埋深的增加逐渐减小,且后注浆桩轴力的减小速率小于常规桩,轴力曲线底部较为分散;浸水时,桩身轴力沿埋深的增加先增大后减小,呈“D”字形分布。浸水前后桩侧摩阻力均呈非线性的分布规律,未浸水时,沿桩体埋深的增加逐渐增大,且后注浆桩在桩体下部侧摩阻力增幅较常规桩小;浸水时,桩体上部受到负摩阻力的作用,其分布形式呈抛物线形,且桩端后注浆使得中性点的位置较常规桩向下移动。后注浆增大了桩端土体的强度,使得桩端阻力的发挥优于常规桩。

(7)通过浸水试验研究了黄土湿陷量及体积含水量随入渗时间的变化规律。浸水时,不同埋深处土体沉降规律大致相同,随入渗时间的增加均经历快速—缓慢—稳定的变化过程;不同埋深处土体体积含水量随着入渗时间的增加也经历稳定—急剧增大—缓慢增长至饱和三个阶段。

(8)基于 PFC2D 离散元软件,对桩端后注浆浆液在桩端土体中的劈裂扩散进行模拟,研究了不同注浆压力和浆液渗透性对浆液扩散半径、裂缝的开展、周围土体应力及土体平均孔隙率变化规律的影响。注浆压力对浆液扩散形态、土体应力及平均孔隙率均有很大影响。劈裂缝的数量及扩散半径随着注浆压力的增大而逐渐增大,最终形成网络浆脉,对土体起到支撑骨架的作用;浆液对土体应力的影响范围及大小随着注浆压力的增大而逐渐增大;同时,注浆孔附近处土体平均孔隙率随注浆压力的增大而逐渐增大,较远处受裂缝的影响较小。浆液的渗透特性对浆液扩散形态、土体应力及平均孔隙率也会产生很大影响。在相同的注浆压力下,随着浆液渗透性的提高,逐渐从压密注浆转为劈裂注浆,在提高到一定程度后,又逐渐表现出渗透注浆的性质;浆液渗透性较小时,周围土体应力随渗透性的提高而逐渐增大,后随渗透性的增大而逐渐趋于稳定;在劈裂注浆的过程中,注浆孔附近土体的平均孔隙率随浆液渗透性的增大而逐渐增大。通过模型试验和数值模拟结果可知,湿陷性黄土中桩端后注浆浆液的扩散形态主要为不规则的浆脉,合适的注浆压力和渗透性质的浆液可以对桩端土体起到良好的加固作用。以此,可对湿陷性黄土中桩端后注浆工程中注浆压力及浆液的选择提供参考。

9.2 展望

(1)湿陷系数预测先分类再回归。之后的研究可以先通过机器学习分类算法将国内甚至全球的黄土分为若干类,保证每类黄土的湿陷系数与物性指标之间的关系类似,并构建每类黄土的训练集。在进行预测时,先将预测集数据放入分类算法中判断属于哪类黄土,然后再放入该类黄土的回归算法中输出预测结果。

(2)利用渗透参数计算桩周土含水状态的变化。本书提出的适用于湿陷性黄土混凝土灌注桩的荷载传递法,在运用时需要输入入渗过程中桩周土含水状态的变化,如果能够通过土体的渗透参数得到在某种入渗条件下桩周土体的含水状态,便不再需要对桩周土含水状态进行监测。

(3)本书仅对增湿作用下湿陷性黄土中单桩承载性能进行了研究,后续可开展群桩相关研究。

(4)本书通过模型试验对桩端后注浆模型桩的承载特性进行了研究,由于时间原因仅选取了单一的注浆压力和注浆量进行静载试验,今后可通过对不同注浆压力及注浆量下桩基的承载特性进行研究,建立后注浆桩基承载预测模型,对桩端后注浆的效果进行评价。

(5)本书采用 PFC2D 离散元软件对桩端后注浆浆液的劈裂扩散过程进行模拟,但是仅研究了浆液在二维平面劈裂扩散的情况,还需进一步研究黄土湿陷性时浆液在三维空间的劈裂扩散过程。

参考文献

[1]关文章.湿陷性黄土工程性能新篇[M].西安:西安交通大学出版社,1992.

[2]WANG X L, ZHU Y P, HUANG X F. Field tests on deformation property of self-weight collapsible loess with large thickness[J]. International Journal of Geomechanics, 2014, 14(3):1.

[3]中华人民共和国住房和城乡建设部,国家市场监督管理总局.湿陷性黄土地区建筑标准:GB 50025—2018[S].北京:中国建筑工业出版社,2019.

[4]刘祖典.黄土力学与工程[M].西安:陕西科学技术出版社,1997.

[5]WU Y Q, ZHU Y P. Case analysis of subsided foundation reinforcement of a university infirmary in collapsible loess areas[J]. Advanced Materials Research, 2014, 1030/1031/1032: 736-739.

[6]辛海龙.自重湿陷性黄土场地桩侧负摩阻力特性试验研究[D].兰州:兰州大学,2020.

[7]高国瑞.黄土湿陷变形的结构理论[J].岩土工程学报,1990,12(4):1-10.

[8]关文章.试论可溶盐与黄土湿陷机理[J].桂林冶金地质学院学报,1986,6(3):271-278.

[9]高国瑞.兰州黄土显微结构和湿陷机理的探讨[J].兰州大学学报,1979,15(2):123-134.

[10] KIE T T. Fundamental properties of loess from Northwestern China [J]. Engineering Geology, 1988, 25(2-4): 103-122.

[11]VAN O H, HSU P H. An introduction to clay colloid chemistry[J]. Soil Science, 1978, 126(1): 59.

[12]赵景波,陈云.黄土的孔隙与湿陷性研究[J].工程地质学报,1994,2(2):76-83.

[13]杨晶.影响黄土湿陷性因素的试验及微观研究[D].太原:太原理工大学,2007.

[14]陈阳.黄土湿陷性影响因素试验研究[D].西安:长安大学,2015.

[15]YANG H, XIE W L, LIU Q Q, et al. Three-stage collapsibility evolution of Malan loess in the Loess Plateau[J]. CATENA, 2022, 217: 106482.

[16]魏亚妮,范文,麻广林.黄土高原马兰黄土微结构特征及湿陷机理[J].地球科学与环境学报,2022,44(4):581-592.

[17]LI P, VANAPALLI S, LI T L. Review of collapse triggering mechanism of collapsible soils due to wetting[J]. Journal of Rock Mechanics and Geotechnical Engineering, 2016, 8(2): 256-274.

[18]高国瑞.黄土显微结构分类与湿陷性[J].中国科学,1980,10(12):1203-1208,1237-1240.
[19]史永跃.黄土湿陷性及力学性质的试验研究[D].西安:长安大学,2004.
[20]张茂花,谢永利,刘保健.增(减)湿时黄土的湿陷系数曲线特征[J].岩土力学,2005,26(9):1363-1368.
[21]刘宁.关中地区某场地自重湿陷性黄土的试验研究[D].西安:长安大学,2007.
[22]袁慧.黄土湿陷性的室内试验及微观结构研究[D].太原:太原理工大学,2008.
[23]方祥位,欧益希,申春妮,等.Q_2 黄土湿陷性影响因素研究[J].水利与建筑工程学报,2016,14(1):49-54.
[24]陈佳玫.伊犁重塑黄土增湿变形特性研究[D].杨凌:西北农林科技大学,2016.
[25]陈宝,喻达,胡鑫,等.三门峡黄土湿陷特性及其与结构强度的关系[J].长江科学院院报,2018,35(11):149-153,158.
[26]王丽琴,刘鑫,王正,等.试样厚度对室内测定黄土湿陷性指标的影响[J].地震工程学报,2021,43(5):1190-1196.
[27]武小鹏.基于试坑浸水试验的大厚度黄土湿陷及渗透特性研究[D].兰州:兰州大学,2016.
[28]井彦林,仵彦卿,林杜军,等.基于最小二乘支持向量机的黄土湿陷性预测挖掘[J].岩土力学,2010,31(6):1865-1870.
[29]任新玲,刘领凤.影响黄土湿陷系数因素的数理统计分析[J].山西交通科技,1995(5):19-24.
[30]王沫涵.陕北—关中段黄土湿陷性区域变化规律的研究[D].西安:长安大学,2007.
[31]李萍,李同录.黄土物理性质与湿陷性的关系及其工程意义[J].工程地质学报,2007,15(4),506-512.
[32]李瑞娥,谷天峰,王娟娟,等.基于模糊信息优化技术的黄土湿陷性评价[J].西安建筑科技大学学报(自然科学版),2009,41(2):213-218.
[33]韩晓萌.郑西高速铁路路基黄土湿陷性分析[D].西安:西北大学,2009.
[34]徐志军,郑俊杰,张军,等.聚类分析和因子分析在黄土湿陷性评价中的应用[J].岩土力学,2010,31(S2):407-411.
[35]冯小东.某仿真大坝地基黄土湿陷性评价[D].兰州:兰州大学,2012.
[36]ZHANG S H. A method of collapsibility classification based on probabilistic neural network[C]// 2012 International Conference on Computer Science and Service System. IEEE,2012: 307-310.
[37]马闫,王家鼎,彭淑君,等.黄土湿陷性与土性指标的关系及其预测模型[J].水

土保持通报,2016,36(1):120-128.
[38]张苏民,郑建国.湿陷性黄土(Q_3)的增湿变形特征[J].岩土工程学报,1990,12(4):21-31.
[39] PEREIRA J H F, Fredlund D G. Volume change behavior of collapsible compacted gneiss soil[J]. Journal of geotechnical and geoenvironmental engineering, 2000, 126(10): 907-916.
[40]陈存礼,高鹏,胡再强.黄土的增湿变形特性及其与结构性的关系[J].岩石力学与工程学报,2006,25(7):1352-1360.
[41]张登飞,陈存礼,杨炯,等.侧限条件下增湿时湿陷性黄土的变形及持水特性[J].岩石力学与工程学报,2016,35(3):604-612.
[42]金松丽.基于"可能湿陷变形"的黄土渠道地基湿陷性评价方法研究[D].北京:中国水利水电科学研究院,2017.
[43]邵显显.黄土非饱和增湿变形特性研究[D].兰州:兰州大学,2018.
[44]XIE W L, Li P, Vanapalli S K, et al. Prediction of the wetting-induced collapse behaviour using the soil-water characteristic curve[J]. Journal of Asian Earth Sciences, 2018, 151: 259-268.
[45]高登辉.大厚度自重湿陷性黄土增湿变形特性及桩基负摩阻力研究[D].北京:中国水利水电科学研究院,2019.
[46]周凤玺,周志雄,邵生俊.非饱和黄土的增湿湿陷变形特性分析[J].岩土工程学报,2021,43(S1):36-40.
[47]胡海军,王晨,吕彤阳,等.一维载荷浸水下重塑黄土的水分入渗和增湿变形模型及试验验证[J].岩石力学与工程学报,2022,41(5):1020-1030.
[48]DESAI C S, RIGBY D B. Cyclic interface and joint shear device including pore pressure effects[J]. Journal of geotechnical and geoenvironmental engineering, 1997, 123(6): 568-579.
[49]吴景海,陈环,王玲娟,等.土工合成材料与土界面作用特性的研究[J].岩土工程学报,2001,23(1):89-93.
[50]HOSSAIN M A, YIN J H. Behavior of a pressure-grouted soil-cement interface in direct shear tests[J]. International Journal of Geomechanics, 2014, 14(1): 101-109.
[51]郑书胜.基于冻融作用的非饱和黄土-结构界面力学行为及其工程应用[D].兰州:兰州理工大学,2018.
[52]杨晨.黄土-基岩接触面特性的环剪试验研究[D].杨凌:西北农林科技大学,2019.
[53]刘慧.黄土与结构物接触面剪切特性试验研究[D].西安:西安建筑科技大

学,2019.
[54]CLOUGH G W, DUNCAN J M. Finite element analyses of retaining wall behavior[J]. Journal of the Soil Mechanics and Foundations Division, 1971, 97(12): 1657-1673.
[55]DE GENNARO V, FRANK R. Elasto-plastic analysis of the interface behaviour between granular media and structure[J]. Computers and Geotechnics, 2002, 29(7): 547-572.
[56]HU L M, PU J L. Testing and modeling of soil-structure interface[J]. Journal of Geotechnical and Geoenvironmental Engineering, 2004, 130(8): 851-860.
[57]栾茂田,武亚军.土与结构间接触面的非线性弹性-理想塑性模型及其应用[J].岩土力学,2004,25(4): 507-513.
[58] LASHKARI A, TORKANLOU E. On the constitutive modeling of partially saturated interfaces[J]. Computers and Geotechnics, 2016, 74: 222-233.
[59]胡启军,蒋晶,徐亚辉,等.红层泥岩桩岩接触面本构模型试验及数值模拟[J].土木建筑与环境工程,2017,39(3): 122-128.
[60]李广信,张丙印,于玉贞.土力学[M].2 版.北京: 清华大学出版社,2013: 169-215.
[61]POTYONDY J G. Skin friction between various soils and construction materials [J]. Geotechnique, 1961, 11(4): 339-353.
[62]BISHOP A W, BLIGHT G E. Some aspects of effective stress in saturated and partly saturated soils[J]. Geotechnique, 1963, 13(3): 177-197.
[63]FREDLUND D G, MORGENSTERN N R, WIDGER R A. The shear strength of unsaturated soils[J]. Canadian geotechnical journal, 1978, 15(3): 313-321.
[64]VANAPALLI S K, FREDLUND D G, PUFAHL D E, et al. Model for the prediction of shear strength with respect to soil suction[J]. Canadian geotechnical journal, 1996, 33(3): 379-392.
[65]ZHAN T L, NG C W. Shear strength characteristics of an unsaturated expansive clay[J]. Canadian Geotechnical Journal, 2006, 43(7): 751-763.
[66] GARVEN E A, VANAPALLI S K. Evaluation of empirical procedures for predicting the shear strength of unsaturated soils[C]//Unsaturated sails 2006.Reston, VA:American society of civil engineers, 2006: 2570-2592.
[67]张俊然,孙德安,姜彤,等.宽广吸力范围内弱膨胀土的抗剪强度及其预测[J].岩土工程学报,2016,38(6): 1064-1070.
[68]FLEMING I R, SHARMA J S, JOGI M B. Shear strength of geomembrane—soil interface under unsaturated conditions[J]. Geotextiles and Geomembranes, 2006, 24

(5): 274-284.
[69] MILLER G A, HAMID T B. Interface direct shear testing of unsaturated soil[J]. Geotechnical Testing Journal, 2007, 30(3): 182-191.
[70] SHARMA J S, FLEMING I R, JOGI M B. Measurement of unsaturated soil-geomembrane interface shear-strength parameters[J]. Canadian geotechnical journal, 2007, 44(1): 78-88.
[71] HAMID T B, MILLER G A. Shear strength of unsaturated soil interfaces[J]. Canadian Geotechnical Journal, 2009, 46(5): 595-606.
[72] 周旭宽.非饱和土与结构接触面的力学特性研究[D].北京:北京交通大学,2020.
[73] 杨明辉,王文筱,邓波.非饱和砂土-混凝土界面剪切强度试验研究[J].铁道科学与工程学报,2022,19(2): 409-418.
[74] 唐国艺.关中地区某自重湿陷性黄土场地桩基负摩阻力试验研究[D].西安:长安大学,2007.
[75] 刘争宏.浸水条件下湿陷性黄土场地桩基特性研究[D].西安:西安理工大学,2008.
[76] 夏力农,苗云东,刘小平.加载次序对湿陷性黄土中基桩承载力检测的影响[J].岩土力学,2009,30(S2): 318-322.
[77] 王长丹,王旭,周顺华,等.自重湿陷性黄土与单桩负摩阻力离心模型试验[J].岩石力学与工程学报,2010,29(S1): 3101-3107.
[78] DASHJAMTS D. Analytical method for estimation of negative skin friction on foundation surface in collapsible loess soil[C]//2012 7th International Forum on Strategic Technology(IFOST). IEEE, 2012: 1-5.
[79] NOOR S T, HANNA A, MASHHOUR I. Numerical modeling of piles in collapsible soil subjected to inundation [J]. International Journal of Geomechanics, 2013, 13(5): 514-526.
[80] 陈长流.考虑湿陷的大厚度黄土地区桩基负摩阻力特性研究[D].兰州:兰州理工大学,2014.
[81] MASHHOUR I, HANNA A. Drag load on end-bearing piles in collapsible soil due to inundation[J]. Canadian Geotechnical Journal, 2016, 53(12): 2030-2038.
[82] XING H F, LIU L L. Field tests on influencing factors of negative skin friction for pile foundations in collapsible loess regions[J]. International Journal of Civil Engineering, 2018, 16(10): 1413-1422.
[83] WEN H, DENG S Y, ZHANG W, et al. A Simplified Approach to Estimating the

Collapsible Behavior of Loess [J]. Advances in Civil Engineering, 2020, 2020:3712595.
[84]孙文.非饱和黄土地基渗流及桩-土接触力学特性研究[D].兰州:兰州交通大学,2021.
[85]赵野.大厚度湿陷性黄土场地基桩负摩阻力特性研究[D].兰州:兰州大学,2021.
[86]YE S H, ZHAO Z F, ZHU Y D. Study on negative friction of pile foundation in single homogeneous soil layer in collapsible loess area of Northwest China[J]. Arabian Journal of Geosciences, 2021, 14(12): 1137.
[87]严维柏.湿陷性黄土场地浸水作用下基桩受力特性试验研究[D].兰州:兰州大学,2022.
[88]郑昌晶,张顺英.钻孔灌注桩后注浆加固机理及其应用[J].探矿工程(岩土钻掘工程),2011,38(8):45-49.
[89]邝健政.岩土注浆理论与工程实例[M].北京:科学出版社,2001.
[90]BRUCE D A. Enhancing the performance of large diameter piles by grouting[J]. International Journal of Rock Mechanics and Mining Sciences & Geomechanics Abstracts, 1986,23(6):240.
[91]FLEMING W K. The improvement of pile performance by base grouting[J].Proceedings of the institution of civil engineers-Civil Engineering, 1993,97(2):88-93.
[92]卓琼琼.桩端后注浆大直径钻孔灌注桩承载力及工程特性的研究[D].杭州:浙江大学,2012.
[93]沈保汉.后注浆桩技术(1):后注浆桩技术的产生与发展[J].工业建筑,2001,31(5):64-66,72.
[94]沈保汉.桩基础测试、勘察、设计和施工(八):桩的静载试验曲线及分析[J].工业建筑,1991,21(4):48-53,62.
[95]孔清华,桂淞莉.预承力桩的预承包装置:CN2129293.Y[P].1993-04-07.
[96]任自放,沈保汉.灌注桩桩端及桩侧注浆法:CN1072746C[P].2001-10-10.
[97]应权,沈保汉.桩端压力注浆装置:CN2356064Y[P].1999-12-29.
[98]何剑.后注浆钻孔灌注桩承载性状试验研究[J].岩土工程学报,2002,24(6):743-746.
[99]THIYYAKKANDI S, MCVAY M, BLOOMQUIST D, et al. Experimental study, numerical modeling of and axial prediction approach to base grouted drilled shafts in cohesionless soils[J]. Acta Geotechnica, 2014,9(3):439-454.

[100] RUIZ M E, PANDO M A. Load transfer mechanisms of tip post-grouted drilled shafts in sand[C]//Contemporary Topics in Deep Foundations. Reston, VA: American Society of Civil Engineers, 2009.

[101] POORANAMPILLAI J, ELFASS S, VANDERPOOL W, et al. Large-scale laboratory study on the innovative use of compaction grout for drilled shaft tip post grouting [C]//Contemporary Topics in Deep Foundations. Reston, VA: American Society of Civil Engineers, 2009: 39-46.

[102] 沈保汉.桩端压力注浆效果分析[J].岩土工程界,2001(8):60-64.

[103] ZHENG A R, CHEN Z J, ZHUGE A J. Pile load test of post-grouting bored pile at Beijing Capital International Airport[J]. IOP conference series: Earth and environmental science, 2019,267(5):52060.

[104] 郭院成,张景伟,董晓星.桩端桩侧后注浆钻孔灌注桩承载性能试验研究[J].公路交通科技,2014,31(7):14-18.

[105] 张忠苗,吴世明,包风.钻孔灌注桩桩底后注浆机理与应用研究[J].岩土工程学报,1999,21(6):681-686.

[106] 王旭,吴兴序,赵善锐.黄土地区桩底压密灌浆提高灌注桩承载力的试验研究[J].西南交通大学学报,1999,34(1):16-21.

[107] 张恒,刘干斌,周晔,等.桩端后注浆灌注桩承载能力增强机理试验研究[J].宁波大学学报(理工版),2021,34(4):72-78.

[108] 黄挺,龚维明,李辉,等.超长桩桩端注浆静载试验研究[J].岩土工程学报,2011,33(S1):119-123.

[109] 邹金锋,安爱军,邓宗伟,等.深厚软土地区长钻孔灌注桩后注浆试验研究[J].中南大学学报(自然科学版),2011,42(3):823-828.

[110] 黄生根,龚维明.大直径超长桩压浆后承载性能的试验研究及有限元分析[J].岩土力学,2007,28(2):297-301.

[111] 黄生根,张晓炜,曹辉.后压浆钻孔灌注桩的荷载传递机理研究[J].岩土力学,2004,25(2):251-254.

[112] 黄生根,龚维明,张晓炜,等.钻孔灌注桩压浆后的承载性能研究[J].岩土力学,2004,25(8):1315-1319.

[113] 黄生根,王辉,张晓炜,等.超长大直径桥桩的压浆效果研究[J].公路交通科技,2004,21(5):70-73.

[114] 黄生根,龚维明.桩端压浆对超长大直径桩侧阻力的影响研究[J].岩土力学,2006,27(5):711-716.

[115] 桑登峰,胡兴昊,苏世定.桩侧及桩端后注浆对超长桩承载力的影响[J].水运

工程,2017(12):209-215.
[116]邝健政.岩土注浆理论与工程实例[M].北京:科学出版社,2001.
[117]杨坪,唐益群,彭振斌,等.砂卵(砾)石层中注浆模拟试验研究[J].岩土工程学报,2006,28(12):2134-2138.
[118]周军霞,陆劲松,张玉,等.考虑浆液粘时变性渗透注浆理论计算公式[J].材料科学与工程学报,2019,37(5):758-762.
[119]杨志全,牛向东,侯克鹏,等.宾汉姆流体柱-半球形渗透注浆形式扩散参数的研究[J].四川大学学报(工程科学版),2015,47(S2):47-53.
[120]杨志全,侯克鹏,程涌,等.幂律型流体的柱-半球形渗透注浆机制研究[J].岩石力学与工程学报,2014,33(S2):3840-3846.
[121]杨志全,侯克鹏,梁维,等.牛顿流体柱-半球面渗透注浆形式扩散参数的研究[J].岩土力学,2014,35(S2):17-24.
[122]杨秀竹,王星华,雷金山.宾汉体浆液扩散半径的研究及应用[J].水利学报,2004,35(6):75-79.
[123]杨秀竹,雷金山,夏力农,等.幂律型浆液扩散半径研究[J].岩土力学,2005,26(11):1803-1806.
[124]邹金锋,李亮,杨小礼.劈裂注浆扩散半径及压力衰减分析[J].水利学报,2006,37(3):314-319.
[125]YANG J Y, CHENG Y H, CHEN W C. Experimental Study on Diffusion Law of Post-Grouting Slurry in Sandy Soil[J]. Advances in Civil Engineering, 2019, 2019:3493942.
[126]李术才,冯啸,刘人太,等.考虑渗滤效应的砂土介质注浆扩散规律研究[J].岩土力学,2017,38(4):925-933.
[127]张聪,梁经纬,阳军生,等.堤坝脉动注浆浆液扩散机制及应用研究[J].岩土力学,2019,40(4):1507-1514.
[128]刘健,刘人太,张霄,等.水泥浆液裂隙注浆扩散规律模型试验与数值模拟[J].岩石力学与工程学报,2012,31(12):2445-2452.
[129]张庆松,王洪波,刘人太,等.考虑浆液扩散路径的多孔介质渗透注浆机理研究[J].岩土工程学报,2018,40(5):918-924.
[130]方晓博.黄土劈裂注浆加固机理研究与工程应用[D].西安:西安建筑科技大学,2018.
[131]薛振年,冯泓鸣,任晨宁,等.黄土地区桥梁灌注桩桩侧-桩端联合压浆模型试验[J].长安大学学报(自然科学版),2021,41(6):19-28.
[132]叶振沛,袁建议,薛海阳,等.公路软土层注浆试验中浆脉分布与压力分析

[J].湖北理工学院学报,2020,36(1):40-43,48.
[133]周谟远,高岗荣,冯旭海.富水砂层单液水泥浆水平孔注浆模拟试验研究[J].煤炭技术,2018,37(3):105-107.
[134]贺剑龙,巢斯.钻孔灌注桩后注浆的扩散模拟计算[J].结构工程师,2013,29(2):136-140.
[135]程少振,陈铁林,郭玮卿,等.土体劈裂注浆过程的数值模拟及浆脉形态影响因素分析[J].岩土工程学报,2019,41(3):484-491.
[136]马连生,王腾,周茗如,等.黄土劈裂注浆土体裂纹扩展模型研究[J].地下空间与工程学报,2018,14(4):962-967.
[137]郑刚,张晓双.劈裂注浆过程的二维颗粒流的模拟研究[J].厦门大学学报(自然科学版),2015,54(6):905-912.
[138]张杰.黄土劈裂注浆过程数值模拟研究[J].价值工程,2022,41(16):89-92.
[139]孙锋,张顶立,陈铁林,等.土体劈裂注浆过程的细观模拟研究[J].岩土工程学报,2010,32(3):474-480.
[140]刘光军,岳祁,金国明.基于数值模拟的劈裂注浆浆液扩散范围分析[J].路基工程,2019(6):103-107.
[141]耿萍,卢志楷,丁梯,等.基于颗粒流的围岩注浆动态过程模拟研究[J].铁道工程学报,2017,34(3):34-40.
[142]张晓双.地下工程注浆抬升机理及效果研究[D].天津:天津大学,2016.
[143]秦鹏飞.砂土注浆的颗粒流细观力学数值模拟[J].土木工程与管理学报,2017,34(4):30-38.
[144]中华人民共和国住房和城乡建设部.土工试验方法标准:GB/T 50123—2019[S].北京:中国计划出版社,2019.
[145]徐黎明,王清,陈剑平,等.基于BP神经网络的泥石流平均流速预测[J].吉林大学学报(地球科学版),2013,43(1):186-191.
[146]毛开翼.关于组合预测中的权重确定及应用[D].成都:成都理工大学,2007.
[147]丁卫锋.引汉济渭二期工程沿线黄土湿陷性评价研究[D].西安:西安科技大学,2020.
[148]王力.基于微结构单元理论的黄土湿陷性预测模型研究[D].西安:长安大学,2021.
[149]王志壮.西安城市轨道交通湿陷性黄土评价方法研究[D].西安:西安理工大学,2020.
[150]高凌霞,杨向军.西安地区黄土湿陷性的影响因素[J].大连民族学院学报,2003,5(1):66-69.

[151]王梅.中国湿陷性黄土的结构性研究[D].太原：太原理工大学,2010.
[152]刘春玲.单桩负摩阻力形成机理及其时间效应研究[D].西安：长安大学,2004.
[153]董晓明.基于黄土非均匀湿陷变形的桥梁群桩基础承载特性研究[D].西安：长安大学,2013.
[154]西安冶金建筑学院建工系工民建专业级队地基实践组.陕西省焦化厂自重湿陷性黄土地基的试验研究[J].西安建筑科技大学学报(自然科学版),1977,9(2)：86-118.
[155]杨存范.三门峡火电厂强夯法处理深厚湿陷性黄土地基[J].电力建设,1993,14(11)：19-23.
[156]高广运,王文东,吴世明.黄土中灌注桩竖向承载力试验分析[J].岩土工程学报,1998,20(3)：75-79.
[157]韩庆.西安地铁一号线黄土湿陷性研究[D].西安：西安理工大学,2010.
[158]罗晓锋,王艳艳,崔光辉.大厚度湿陷性黄土路基浸水试验与沉降变形研究[J].兰州交通大学学报,2014,33(1)：124-130.
[159]晁建红.基于滤纸法的黄土土-水特征曲线测试[D].西安：长安大学,2017.
[160]李云丽.黄土状粉土全吸力范围土水特征曲线试验研究[D].太原：太原理工大学,2021.
[161]李旭,刘阿强,刘丽,等.全吸力范围内土-水特征曲线的快速测定方法[J].岩土力学,2022,43(2)：299-306.
[162]GARDNER W R. Some steady-state solutions of the unsaturated moisture flow equation with application to evaporation from a water table[J]. Soil science, 1958, 85(4)：228-232.
[163]BROOKS R H, COREY A T. Hydraulic properties of porous medium[D]. Fort Collins：Colorado State University, 1964.
[164]VAN GENUCHTEN M T. A closed-form equation for predicting the hydraulic conductivity of unsaturated soils[J]. Soil science society of America journal, 1980, 44(5)：892-898.
[165]WILLIAMS J, PREBBLE R E, WILLIAMS W T, et al. The influence of texture, structure and clay mineralogy on the soil moisture characteristic[J]. Soil Research, 1983, 21(1)：15.
[166]MCKEE C R, BUMB A C. Flow-testing coalbed methane production wells in the presence of water and gas[J]. SPE formation Evaluation, 1987, 2(4)：599-608.
[167]FREDLUND D G, XING A Q. Equations for the soil-water characteristic curve

[J]. Canadian geotechnical journal, 1994, 31(4): 521-532.

[168]吴爽.黄土增湿变形的试验研究[D].西安：长安大学,2019.

[169]HOU X K, VANAPALLI S K, LI T L. Wetting-induced Collapse Behavior Associated with Infiltration: a Case Study [J]. Engineering Geology, 2019, 258: 105146.

[170]王涛.粗糙度对砂土-混凝土接触面力学特性影响的试验研究[J].铁道勘察,2016,42(6):46-49.

[171]陈喆.基于相似理论和模型试验的结构动响应分析[D].南京：南京航空航天大学,2012.

[172]徐光明,章为民.离心模型中的粒径效应和边界效应研究[J].岩土工程学报,1996,18(3): 80-86.

[173]Ovesen N K. The scaling low relationship-Panel discussion[C]. 7th European Regional Conf. SMFE, 1979, 4: 319-323.

[174]中华人民共和国建设部.建筑桩基技术规范 JGJ 94—2008[S].北京：中国建筑工业出版社,2008.

[175]王成华.对室内桩基模型制作方法的若干探讨[C].中国土木工程学会第七届土力学及基础工程学术会议,中国陕西西安,1994,5.

[176]中华人民共和国住房和城乡建设部.建筑基桩检测技术规范:JGJ 106—2014[S].北京：中国建筑工业出版社,2014.

[177]中华人民共和国交通运输部.公路桥涵地基与基础设计规范:JTG 3363—2019[S].北京：人民交通出版社,2019.

[178]许凯,赵春风,于淼,等.均质砂土中桩端后注浆抗压桩室内模型试验研究[J].土木工程学报,2019,52(S2):81-88.

[179]赵春风,吴悦,赵程,等.黏土中桩端后注浆单桩抗压承载特性室内模型试验研究[J].天津大学学报,2019,52(12):1235-1244.

[180]陈默涵,罗云海,王晓燕,等.黄土地基水分入渗规律试验研究[J].岩土工程技术,2023,37(1):95-99.

[181]徐硕昌,刘德仁,王旭,等.重塑非饱和黄土浸水入渗规律的模型试验研究[J].水利水运工程学报,2023(1):140-148.

[182]唐海行,苏逸深,刘炳敖.土壤包气带中气体对入渗水流运动影响的实验研究[J].水科学进展,1995,6(4):263-269.

[183]POTYONDY D O, CUNDALL P A. A bonded-particle model for rock[J]. International Journal of Rock Mechanics and Mining Sciences, 2004,41(8):1329-1364.

[184]SAGONG M, BOBET A. Coalescence of multiple flaws in a rock-model material

in uniaxial compression[J]. International journal of rock mechanics and mining sciences, 2002,39(2):229-241.

[185]ZHANG X P, WONG L N Y. Crack Initiation, Propagation and Coalescence in Rock-Like Material Containing Two Flaws: a Numerical Study Based on Bonded-Particle Model Approach[J]. Rock Mechanics and Rock Engineering, 2013,46(5):1001-1021.

[186]ZHANG X P, WONG L N Y. Cracking Processes in Rock-Like Material Containing a Single Flaw Under Uniaxial Compression: A Numerical Study Based on Parallel Bonded-Particle Model Approach[J]. Rock Mechanics and Rock Engineering, 2012,45(5):711-737.

[187]BOBET A, EINSTEIN H H. Fracture coalescence in rock-type materials under uniaxial and biaxial compression[J]. International journal of rock mechanics and mining sciences, 1998,35(7):863-888.

[188]周博,汪华斌,赵文锋,等.黏性材料细观与宏观力学参数相关性研究[J].岩土力学,2012,33(10):3171-3175,3177-3178.

[189]周健,池永.土的工程力学性质的颗粒流模拟[J].固体力学学报,2004,25(4):377-382.

[190]ITASCA C G. PFC 5.0 manual[M]. Minneapolis,MN,USA, 2015.

[191]陈鹏宇.PFC^{2D}模拟裂隙岩石裂纹扩展特征的研究现状[J].工程地质学报,2018,26(2):528-539.

[192]秦鹏飞.不良地质体注浆细观力学模拟研究[J].煤炭学报,2020,45(7):2646-2654.

附　录

表 1　西安单一场地数据[147]

干密度/(g/cm³)	孔隙比/%	天然含水率/%	饱和度/%	相对密度	塑限/%	液限/%	塑性指数	液性指数	湿陷系数
1.15	1.32	12.80	26.40	2.66	18.30	30.50	12.20	-0.45	0.11
1.17	1.27	17.20	36.70	2.65	18.30	30.50	12.20	-0.09	0.10
1.14	1.33	18.80	38.20	2.66	18.60	31.00	12.40	0.02	0.09
1.14	1.34	20.90	42.30	2.67	18.00	30.00	12.00	0.24	0.09
1.25	1.15	20.00	47.40	2.68	18.70	31.20	12.50	0.10	0.08
1.29	1.08	22.80	57.70	2.68	18.70	31.20	12.50	0.33	0.04
1.19	1.24	24.10	52.60	2.67	17.80	29.60	11.80	0.53	0.08
1.17	1.28	20.80	44.10	2.67	19.50	32.60	13.10	0.10	0.10
1.25	1.14	17.80	42.60	2.67	20.60	34.60	14.00	-0.20	0.08
1.28	1.10	20.40	50.50	2.69	19.70	33.10	13.40	0.05	0.05
1.30	1.06	24.40	62.40	2.68	19.00	31.80	12.80	0.42	0.03
1.35	0.97	23.40	65.30	2.66	19.30	32.30	13.00	0.32	0.01
1.43	0.86	22.00	69.30	2.67	19.40	32.40	13.00	0.20	0.02
1.42	0.87	21.00	65.10	2.66	17.50	29.00	11.50	0.30	0.04
1.38	0.92	22.10	64.80	2.66	17.10	28.20	11.10	0.45	0.05
1.48	0.80	21.20	72.30	2.66	17.20	28.40	11.20	0.36	0.00
1.52	0.74	17.20	62.80	2.64	14.70	23.80	9.10	0.17	0.01
1.46	0.81	17.20	57.50	2.64	14.30	23.20	8.90	0.33	0.03
1.40	0.90	22.00	66.20	2.66	17.90	29.80	11.90	0.34	0.04
1.39	0.91	19.60	58.60	2.65	18.20	30.20	12.00	0.12	0.04
1.48	0.80	20.80	70.50	2.66	18.10	30.10	12.00	0.23	0.02
1.34	0.98	22.60	62.60	2.65	17.90	29.80	11.90	0.39	0.04
1.34	0.98	24.70	68.30	2.66	18.90	31.50	12.60	0.46	0.05
1.32	0.99	25.50	69.30	2.63	17.70	29.30	11.60	0.67	0.05

续表 1

干密度/(g/cm³)	孔隙比/%	天然含水率/%	饱和度/%	相对密度	塑限/%	液限/%	塑性指数	液性指数	湿陷系数
1.31	1.02	26.40	69.40	2.65	17.90	29.80	11.90	0.71	0.05
1.38	0.92	21.60	63.90	2.64	17.20	28.50	11.30	0.39	0.04
1.38	0.92	24.60	72.60	2.65	18.20	30.30	12.10	0.53	0.03
1.35	0.96	24.20	68.30	2.65	19.10	32.00	12.90	0.40	0.05
1.40	0.89	24.20	73.60	2.65	17.60	29.20	11.60	0.57	0.05
1.22	1.18	24.40	56.10	2.66	19.20	32.10	12.90	0.40	0.04
1.25	1.14	22.60	54.00	2.67	19.10	32.00	12.90	0.27	0.06
1.29	1.09	22.20	55.90	2.69	21.30	36.00	14.70	0.06	0.05
1.32	1.19	23.20	61.90	2.89	19.10	32.00	12.90	0.32	0.03
1.30	1.06	27.00	69.50	2.67	19.10	32.00	12.90	0.61	0.01
1.49	0.75	22.00	76.30	2.61	20.60	34.70	14.10	0.10	0.01
1.30	1.06	17.80	45.50	2.68	17.80	29.60	11.80	0.00	0.04
1.20	1.22	19.00	42.10	2.67	18.10	30.10	12.00	0.07	0.08
1.22	1.20	18.90	42.80	2.68	20.60	34.60	14.00	−0.12	0.06
1.14	1.34	22.00	44.80	2.66	20.40	34.30	13.90	0.12	0.07
1.25	1.14	21.20	50.50	2.68	20.30	34.20	13.90	0.06	0.05
1.40	0.88	25.60	78.50	2.63	17.80	29.50	11.70	0.67	0.02
1.39	0.90	19.40	58.20	2.65	16.70	27.60	10.90	0.25	0.08
1.37	0.94	18.70	54.00	2.66	16.80	27.80	11.00	0.17	0.06
1.43	0.86	20.20	64.00	2.66	20.80	35.10	14.30	−0.04	0.03
1.55	0.71	19.00	72.40	2.65	16.20	26.60	10.40	0.27	0.01
1.49	0.77	13.00	45.60	2.63	12.20	19.30	7.10	0.11	0.05
1.37	0.94	21.00	60.50	2.66	16.90	27.90	11.00	0.37	0.04
1.33	0.99	25.00	68.50	2.64	14.90	24.30	9.40	1.07	0.02
1.35	0.95	23.60	66.90	2.64	15.50	25.40	9.90	0.82	0.03
1.43	0.86	23.50	74.10	2.66	18.30	30.50	12.20	0.43	0.00
1.19	1.23	21.90	48.20	2.66	18.30	30.40	12.10	0.30	0.08

续表 1

干密度/(g/cm³)	孔隙比/%	天然含水率/%	饱和度/%	相对密度	塑限/%	液限/%	塑性指数	液性指数	湿陷系数
1.13	1.36	24.70	49.60	2.66	18.80	31.40	12.60	0.47	0.09
1.24	1.15	23.50	55.40	2.67	18.80	31.40	12.60	0.37	0.06
1.25	1.14	22.80	54.40	2.68	18.70	31.20	12.50	0.33	0.03
1.32	1.04	25.00	62.60	2.69	18.80	31.30	12.50	0.50	0.02
1.21	1.20	16.50	37.10	2.66	16.00	26.30	10.30	0.05	0.08
1.16	1.30	19.00	39.60	2.66	16.10	26.80	10.50	0.26	0.10
1.24	1.14	19.40	46.00	2.66	17.40	28.80	11.40	0.18	0.10
1.30	1.06	26.20	67.00	2.68	18.00	30.00	12.00	0.68	0.01
1.34	0.96	22.20	62.40	2.62	16.60	24.90	8.30	0.67	0.03
1.28	1.08	21.10	53.10	2.66	18.60	31.00	12.40	0.20	0.07
1.30	1.06	21.60	55.20	2.68	18.50	30.80	12.30	0.25	0.04
1.31	1.03	22.30	58.50	2.66	18.40	30.60	12.20	0.32	0.06
1.32	1.02	21.10	56.20	2.67	20.70	34.80	14.10	0.03	0.04
1.30	1.07	23.00	58.70	2.68	20.30	34.20	13.90	0.19	0.05
1.30	1.07	23.80	60.70	2.69	20.20	34.00	13.80	0.26	0.04
1.31	1.05	25.10	65.00	2.69	20.20	33.90	13.70	0.36	0.03
1.28	1.09	13.10	32.60	2.68	19.70	33.00	13.30	−0.50	0.05
1.43	0.86	23.10	73.10	2.66	19.60	32.90	13.30	0.26	0.02
1.30	1.06	17.00	43.50	2.68	17.60	29.10	11.50	−0.05	0.10

表 2　关中地区数据

文献	地区	干密度/(g/cm^3)	孔隙比/%	天然含水率/%	饱和度/%	相对密度	塑限/%	液限/%	塑性指数	液性指数	湿陷系数
[148]	咸阳泾阳	1.25	0.86	14.20	44.75	2.71	20.10	33.00	12.90	−0.46	0.02
	西安	1.35	0.97	15.97	44.62	2.71	19.70	30.90	11.20	−0.33	0.02
[25]	三门峡	1.30	1.04	4.60	11.73	2.69	18.60	27.10	8.50	−1.65	0.08
	三门峡	1.30	1.04	7.90	20.15	2.69	18.60	27.10	8.50	−1.26	0.09
	三门峡	1.30	1.04	11.70	29.84	2.69	18.60	27.10	8.50	−0.81	0.08
	三门峡	1.30	1.04	17.80	45.39	2.69	18.60	27.10	8.50	−0.09	0.06
	三门峡	1.30	1.04	20.20	51.51	2.69	18.60	27.10	8.50	0.19	0.02
[149]	西安灞桥	1.29	1.08	22.00	54.66	2.68	19.30	32.28	12.98	0.21	0.02
	西安灞桥	1.46	0.81	19.70	64.27	2.64	18.97	31.65	12.68	0.06	0.00
	西安灞桥	1.45	0.83	21.60	69.05	2.65	19.10	31.90	12.80	0.20	0.02
	西安灞桥	1.38	0.93	19.20	54.99	2.66	18.60	31.00	12.40	0.05	0.01
	西安灞桥	1.41	0.89	24.60	73.66	2.66	18.90	31.50	12.60	0.45	0.00
[150]	渭南华州	1.35	1.02	19.59	52.13	2.70	20.42	29.57	9.15	−0.09	0.05
	渭南华州	1.36	1.00	15.95	43.51	2.72	19.66	27.72	8.06	−0.46	0.04
	渭南华州	1.44	0.89	19.87	60.96	2.72	20.93	27.98	7.05	−0.15	0.02
	渭南华州	1.36	1.00	20.03	54.39	2.72	20.83	31.62	10.79	−0.07	0.04
	渭南华州	1.44	0.90	19.59	59.52	2.72	20.57	30.67	10.10	−0.10	0.06
	渭南华州	1.44	0.89	20.55	62.80	2.72	20.77	29.41	8.64	−0.03	0.05
	西安长安	1.18	1.31	11.58	24.09	2.72	23.12	33.90	10.78	−1.07	0.15
	西安长安	1.21	1.25	12.55	27.28	2.72	21.72	34.12	12.40	−0.74	0.13
	西安长安	1.47	0.85	13.15	41.99	2.72	22.44	33.43	10.99	−0.85	0.01
[150]	西安长安	1.53	0.78	14.14	49.61	2.72	21.17	32.13	10.96	−0.64	0.00
	西安长安	1.23	1.21	15.63	35.14	2.73	21.52	33.57	12.05	−0.49	0.06
	西安长安	1.26	1.15	19.67	46.48	2.72	21.57	30.85	9.28	−0.20	0.08
	西安雁塔	1.19	1.28	24.51	52.08	2.72	24.27	34.47	10.20	0.02	0.06
	西安雁塔	1.15	1.36	26.01	51.95	2.72	22.68	34.78	12.10	0.28	0.06
	西安雁塔	1.23	1.21	21.55	48.41	2.72	23.24	33.28	10.04	−0.17	0.07
	咸阳泾阳	1.36	1.00	17.90	48.76	2.71	17.50	28.20	10.70	0.04	0.04
	咸阳泾阳	1.27	1.15	16.10	38.26	2.72	17.60	28.40	10.80	−0.14	0.07
	咸阳泾阳	1.54	0.77	19.50	69.18	2.72	18.00	29.40	11.40	0.13	0.00
	咸阳泾阳	1.56	0.74	16.50	60.48	2.72	18.50	30.20	11.70	−0.17	0.00

续表 2

文献	地区	干密度/(g/cm³)	孔隙比/%	天然含水率/%	饱和度/%	相对密度	塑限/%	液限/%	塑性指数	液性指数	湿陷系数
[151]	运城	1.36	1.00	11.20	30.30	2.72	18.40	24.80	6.40	−1.12	0.05
	运城	1.38	0.95	12.80	34.30	2.70	19.20	26.00	6.80	−0.94	0.03
	运城	1.41	0.92	15.30	44.90	2.71	19.10	26.20	7.10	−0.54	0.00
	西安	1.29	1.06	25.30	65.00	2.65	19.10	32.20	13.10	0.47	0.02
	西安	1.27	1.10	26.90	66.00	2.66	18.30	30.40	12.10	0.71	0.03
	西安	1.28	1.06	28.70	73.00	2.64	18.60	31.10	12.50	0.81	0.04
	西安	1.34	1.01	18.50	50.00	2.69	14.80	27.90	13.10	0.28	0.07
	西安	1.16	1.19	20.30	42.30	2.54	19.30	30.00	10.70	0.09	0.07
	西安	1.38	0.97	19.20	52.00	2.72	16.70	31.80	15.10	0.17	0.06
	西安	1.28	1.11	20.00	45.00	2.70	18.30	34.00	15.70	0.11	0.05
	西安	1.38	0.97	23.60	64.00	2.72	20.10	32.70	12.60	0.28	0.02
	西安	1.35	1.01	18.40	50.00	2.71	17.80	32.60	14.80	0.04	0.08
	西安	1.29	1.09	21.30	52.50	2.70	18.60	30.20	11.60	0.23	0.07
	西安	1.27	1.13	23.60	58.10	2.71	19.10	33.00	13.90	0.32	0.06
	渭南华阴	1.38	0.96	19.30	55.00	2.70	17.60	28.60	11.00	−0.25	0.02
	渭南华阴	1.32	1.06	17.10	44.00	2.72	17.60	28.50	10.90	−0.05	0.05
	渭南华阴	1.34	1.02	13.00	34.00	2.71	16.50	26.30	9.80	−0.36	0.04
	渭南华阴	1.33	1.03	13.30	35.00	2.69	16.50	26.40	9.90	−0.32	0.04
	渭南潼关	1.29	1.02	10.90	27.00	2.60	16.50	26.40	9.90	−0.57	0.08
	渭南潼关	1.37	0.97	10.30	29.00	2.70	16.50	26.40	9.90	−0.63	0.04
	渭南潼关	1.35	1.01	10.70	29.00	2.72	16.60	26.60	10.00	−0.59	0.02
	三门峡灵宝	1.38	0.96	9.00	25.00	2.71	16.00	25.30	9.30	−0.75	0.02
	三门峡灵宝	1.33	1.03	10.00	26.00	2.71	16.40	26.20	9.80	−0.65	0.02
	三门峡灵宝	1.36	0.99	14.10	39.00	2.70	16.40	26.10	9.70	−0.24	0.02

续表 2

文献	地区	干密度/(g/cm^3)	孔隙比/%	天然含水率/%	饱和度/%	相对密度	塑限/%	液限/%	塑性指数	液性指数	湿陷系数
[152]	西安	1.46	0.87	15.50	49.70	2.74	18.50	30.50	12.00	-0.25	0.06
	西安	1.30	1.10	19.90	50.60	2.72	18.50	30.40	11.90	0.12	0.04
	西安	1.40	0.95	19.80	55.80	2.73	18.60	30.60	12.00	0.10	0.02
	西安	1.51	0.80	18.40	63.20	2.72	19.40	32.30	12.90	-0.08	0.01
	西安	1.38	0.98	19.80	54.60	2.73	18.20	29.80	11.60	0.14	0.01
	西安	1.40	0.94	26.80	78.10	2.71	18.80	31.10	12.30	0.65	0.00
	宝鸡	1.51	0.80	21.80	74.00	2.71	17.70	28.80	11.10	0.37	0.01
	宝鸡	1.49	0.82	23.20	76.00	2.71	17.20	27.70	10.50	0.58	0.00
	宝鸡	1.46	0.86	32.20	74.00	2.71	16.90	27.10	10.20	0.62	0.00
	宝鸡	1.51	0.80	20.70	71.00	2.71	16.90	27.10	10.20	0.32	0.01
	宝鸡	1.55	0.75	22.10	79.00	2.71	17.20	27.70	10.50	0.47	0.00
	宝鸡	1.47	0.85	22.50	72.00	2.72	18.70	30.80	12.10	0.32	0.01
	宝鸡	1.43	0.90	22.90	69.00	2.71	17.70	28.80	11.10	0.47	0.02
	宝鸡	1.30	1.09	24.70	62.00	2.72	19.50	32.50	13.00	0.40	0.02
	宝鸡	1.30	1.09	21.60	54.00	2.71	17.80	29.00	11.20	0.34	0.09
	宝鸡	1.36	1.00	22.60	62.00	2.72	18.50	30.40	11.90	0.35	0.02
	宝鸡	1.36	0.99	26.10	72.00	2.71	17.50	28.50	11.00	0.78	0.01
[153]	运城临猗	1.30	1.12	9.10	31.00	2.76	16.80	27.70	10.90	-0.71	0.09
	运城临猗	1.32	0.89	12.00	51.00	2.50	17.00	26.80	9.80	-0.51	0.05
	运城临猗	1.33	0.85	12.40	50.00	2.47	16.80	26.10	9.30	-0.47	0.06
	运城临猗	1.38	0.82	14.20	53.00	2.52	17.50	28.80	11.30	-0.29	0.02
[154]	渭南富平	1.44	0.88	18.60	59.80	2.71	16.00	23.80	7.80	0.33	0.05
	渭南富平	1.31	1.07	17.80	45.20	2.72	16.60	26.60	10.00	0.12	0.08
	渭南富平	1.32	1.06	20.20	52.00	2.72	16.30	26.30	10.00	0.39	0.04
	渭南富平	1.42	0.91	19.10	57.00	2.72	17.40	26.30	8.90	0.19	0.00
	渭南富平	1.22	1.23	20.00	44.30	2.73	16.30	30.20	13.90	0.27	0.01
	渭南富平	1.36	0.97	18.20	36.30	2.72	18.50	28.30	9.80	-0.03	0.05
	渭南富平	1.31	1.09	18.30	45.80	2.73	16.90	27.20	10.30	0.14	0.05
	渭南富平	1.33	1.03	16.20	42.30	2.70	17.10	26.30	9.20	-0.10	0.06
	渭南富平	1.37	0.99	17.60	48.40	2.73	17.00	27.10	10.10	0.06	0.03
	渭南富平	1.37	0.98	16.90	46.80	2.72	15.60	26.60	11.00	0.12	0.06
	渭南富平	1.33	1.04	17.60	45.90	2.72	18.30	26.60	8.30	-0.08	0.05
[155]	三门峡	1.33	1.02	13.60	35.70	2.69	18.60	27.10	8.50	-0.59	0.05
	三门峡	1.33	1.04	10.50	28.00	2.71	18.60	27.00	8.40	-0.96	0.06
	三门峡	1.35	1.02	12.30	32.90	2.73	18.20	26.70	8.50	-0.69	0.06
	三门峡	1.35	1.02	13.20	34.60	2.72	18.40	27.00	8.60	-0.60	0.05

续表 2

文献	地区	干密度/(g/cm³)	孔隙比/%	天然含水率/%	饱和度/%	相对密度	塑限/%	液限/%	塑性指数	液性指数	湿陷系数
[156]	三门峡灵宝	1.36	0.98	17.79	49.00	2.70	17.80	26.10	8.30	0.01	0.05
	三门峡灵宝	1.36	0.99	17.88	49.00	2.70	17.60	25.30	7.70	0.04	0.06
	三门峡灵宝	1.43	0.89	18.85	57.00	2.70	18.20	27.40	9.20	0.07	0.03
[157]	西安	1.23	1.15	16.00	38.00	2.65	18.20	30.10	11.90	−0.18	0.05
	西安	1.27	1.10	16.00	40.00	2.66	18.40	30.60	12.20	−0.20	0.07
	西安	1.37	0.95	19.90	57.00	2.67	18.80	31.40	12.60	0.09	0.02
	西安	1.27	1.10	20.60	51.00	2.66	18.40	30.60	12.20	0.18	0.02
	西安	1.42	0.89	20.50	63.00	2.68	17.40	30.60	13.20	0.23	0.01
	西安	1.44	0.86	21.20	67.00	2.67	18.20	30.20	12.00	0.25	0.00
	西安	1.22	1.17	15.60	36.00	2.64	17.20	27.80	10.60	−0.15	0.06
	西安	1.29	1.06	16.90	43.00	2.65	18.50	30.80	12.30	−0.13	0.03
	西安	1.30	1.04	21.90	57.00	2.65	19.20	32.30	13.10	0.21	0.02
	西安	1.36	0.95	20.90	60.00	2.65	18.10	29.80	11.70	0.24	0.02
	西安	1.40	0.90	20.00	60.00	2.66	17.90	29.60	11.70	0.18	0.01
[158]	渭南潼关	1.40	0.94	18.60	53.80	2.71	15.90	27.70	11.80	0.23	0.05
	渭南潼关	1.31	1.05	15.60	40.00	2.70	17.20	26.40	9.20	−0.17	0.05
	渭南潼关	1.26	1.14	18.30	43.20	2.70	16.80	25.60	8.80	0.17	0.05
	渭南潼关	1.29	1.10	15.10	37.10	2.70	16.80	25.20	8.40	−0.20	0.05
	渭南潼关	1.24	1.17	18.30	42.10	2.70	16.90	25.90	9.00	0.16	0.05
	渭南潼关	1.22	1.22	20.10	44.40	2.70	17.10	26.50	9.40	0.32	0.08
	渭南潼关	1.30	1.09	18.10	44.90	2.71	16.40	28.30	11.90	0.14	0.03
	渭南潼关	1.36	0.99	18.40	50.20	2.71	16.20	27.90	11.70	0.19	0.02
	渭南潼关	1.35	1.00	18.90	51.10	2.71	16.20	28.20	12.00	0.23	0.03
	渭南潼关	1.36	1.00	20.00	54.50	2.71	15.90	26.90	11.00	0.37	0.02
	渭南潼关	1.39	0.96	20.10	57.20	2.72	16.30	28.40	12.10	0.31	0.01
[147]	西安周至、鄠邑	1.15	1.32	12.80	26.40	2.66	18.30	30.50	12.20	−0.45	0.11
	西安周至、鄠邑	1.17	1.27	17.20	36.70	2.65	18.30	30.50	12.20	−0.09	0.10
	西安周至、鄠邑	1.14	1.33	18.80	38.20	2.66	18.60	31.00	12.40	0.02	0.09
	西安周至、鄠邑	1.14	1.34	20.90	42.30	2.67	18.00	30.00	12.00	0.24	0.09
	西安周至、鄠邑	1.25	1.15	20.00	47.40	2.68	18.70	31.20	12.50	0.10	0.08

续表 2

文献	地区	干密度/(g/cm³)	孔隙比/%	天然含水率/%	饱和度/%	相对密度	塑限/%	液限/%	塑性指数	液性指数	湿陷系数
[147]	西安周至、鄠邑	1.29	1.08	22.80	57.70	2.68	18.70	31.20	12.50	0.33	0.04
	西安周至、鄠邑	1.19	1.24	24.10	52.60	2.67	17.80	29.60	11.80	0.53	0.08
	西安周至、鄠邑	1.17	1.28	20.80	44.10	2.67	19.50	32.60	13.10	0.10	0.10
	西安周至、鄠邑	1.25	1.14	17.80	42.60	2.67	20.60	34.60	14.00	−0.20	0.08
	西安周至、鄠邑	1.28	1.10	20.40	50.50	2.69	19.70	33.10	13.40	0.05	0.05
	西安周至、鄠邑	1.30	1.06	24.40	62.40	2.68	19.00	31.80	12.80	0.42	0.03
	西安周至、鄠邑	1.21	1.21	14.90	33.40	2.67	18.60	31.00	12.40	−0.30	0.10
	咸阳渭城	1.17	1.29	16.00	33.80	2.67	18.90	31.50	12.60	−0.23	0.07
	咸阳渭城	1.21	1.20	15.40	34.70	2.66	18.50	30.90	12.40	−0.25	0.11
	咸阳渭城	1.14	1.34	14.10	28.50	2.67	17.70	29.40	11.70	−0.31	0.14
	咸阳渭城	1.20	1.22	14.40	32.00	2.66	19.50	32.60	13.10	−0.39	0.09
	咸阳渭城	1.22	1.20	14.60	33.20	2.67	19.00	31.80	12.80	−0.34	0.08
	咸阳渭城	1.19	1.24	17.10	37.40	2.66	19.40	32.50	13.10	−0.18	0.07
	咸阳渭城	1.24	1.16	20.70	48.50	2.67	19.10	31.90	12.80	0.13	0.06
	咸阳渭城	1.24	1.15	15.40	36.40	2.66	18.90	31.50	12.60	−0.28	0.09
	咸阳渭城	1.14	1.35	16.70	33.60	2.68	18.60	31.10	12.50	−0.15	0.09
	咸阳渭城	1.23	1.17	14.80	34.50	2.66	18.80	31.30	12.50	−0.32	0.10
本书	三门峡	1.18	1.28	11.90	33.70	2.69	17.30	25.40	8.10	−0.67	0.11
	三门峡	1.28	1.10	11.90	33.70	2.69	17.30	25.40	8.10	−0.65	0.11
	三门峡	1.38	0.95	11.90	33.70	2.69	17.30	25.40	8.10	−0.65	0.10
	三门峡	1.48	0.82	11.90	33.70	2.69	17.30	25.40	8.10	−0.65	0.08
	三门峡	1.58	0.70	11.90	33.70	2.69	17.30	25.40	8.10	−0.65	0.03
	三门峡	1.38	0.95	5.90	16.71	2.69	17.30	25.40	8.10	−0.65	0.16
	三门峡	1.38	0.95	8.90	25.21	2.69	17.30	25.40	8.10	−0.65	0.13
	三门峡	1.38	0.95	14.90	42.21	2.69	17.30	25.40	8.10	−0.65	0.06
	三门峡	1.38	0.95	17.90	50.71	2.69	17.30	25.40	8.10	−0.65	0.01